纺织服装高等教育"十四五"部委级规划教材

时尚产品设计与表达

田玉晶 王瑾瑜 俞英 编著

东华大学出版社·上海

图书在版编目（CIP）数据

时尚产品设计与表达 / 田玉晶, 俞英编著. -- 上海：东华大学出版社, 2024.12. -- ISBN 978-7-5669-2460-5

Ⅰ. TB472

中国国家版本馆 CIP 数据核字第 2024TC1565 号

时尚产品设计与表达

田玉晶 王瑾瑜 俞英 郑杨 编著

出　　版：东华大学出版社（上海市延安西路 1882 号，200051）
网　　址：http://dhupress.dhu.edu.cn
天猫旗舰店：http://dhdx.tmall.com
营销中心：021-62193056 62373056 62379558
印　　刷：上海万卷印刷股份有限公司
开　　本：787mm × 1092mm 1/16　印张：7.5
字　　数：300 千字
版　　次：2024 年 12 月第 1 版
印　　次：2024 年 12 月第 1 次印刷
书　　号：ISBN 978-7-5669-2460-5
定　　价：57.00 元

内容简介

《时尚产品设计与表达》是一本专注于时尚产品设计的专业书籍，是《鞋履设计与表达》《帽饰设计与表达》《时尚产品配色原理》等时尚产品设计系列丛书之一。本书分七大板块，系统介绍了时尚产品的设计概述、时尚产品的市场研究、时尚产品的用户研究、时尚产品的流行趋势研究、时尚产品的设计企划、时尚产品的设计构思和时尚产品的设计表达，并提供了每个板块的要点分析和大量图解。书中内容旨在帮助读者结合课程，学会从市场、用户和趋势调研出发，生成设计企划，发散设计构思，并完成设计表达。

丛书主编简介

俞英

东华大学服装与艺术设计学院产品设计系教授，从事时尚产品设计教学与研究工作。1984年7月毕业于无锡轻工业学院（现为江南大学）产品设计专业，先后任教于安徽工程大学、上海交通大学、东华大学等，有30多年的教学工作经验，日本名古屋艺术大学访问学者，中国服饰协会研发中心顾问，主持科研项目20余项，申请实用新型发明专利20多项，发表论文10余篇，出版《服装设计表现技法荟萃》《时装局部设计与裁剪500例》《卡通造型设计》《产品设计模型表现》《平面·立体·形态·创意》《工业设计资料集》等多本教材。

田玉晶

东华大学服装与艺术设计学院副教授、硕士生导师，产品设计系副主任，国家级一流本科课程"鞋履设计与工艺"负责人，上海市青年五四奖章（个人）获得者，东华大学本科教学示范岗、青年教师讲课竞赛一等奖获得者，国家一级鞋类设计师，时尚产品创新工作室负责人，海派时尚设计及价值创造协同创新中心流行趋势研发平台负责人，全国纺织服装职业教育教学指导委员会鞋服饰品及箱包专业指导委员会副主任，《西部皮革》杂志编委。

主要研究方向是时尚产品设计创新与策略研究。以设计驱动创新为核心，利用丰富的国际合作经验和良好的校企合作基础，创新性地完成时尚产品设计的教学、科研活动，完成百余册流行趋势报告；发表学术论文10余篇；出版省部级规划教材3本；参与编写海派流行趋势专著12本；获得专利30余项；指导学生参赛荣获400余项奖励。

前言

21世纪以来，经济的迅速发展带动中国时尚产业从制造起步，发展到在国际上崭露头角，国民的时尚意识显著提升，时尚已成为驱动消费的重要商业因素之一。时尚产品作为产品设计与服装设计的交叉领域，不仅融合了产品设计的基础理论，还涵盖服装及服饰品的美感与时尚表达，具有着鲜明的时代特色。

时尚产品设计具有独特的构成特性，既有与传统产品设计相同的方面，又有特殊的一面。相同的是它们同属产品设计范畴，设计必须符合产品设计的基本要求，综合考虑产品的技术、材料、工艺、结构、色泽、肌理等要素。不同的是"时尚"的内涵构成以及特殊的表现要求。时尚产品中的时尚，是对于时尚生活方式的前瞻性思考，因此它更具备"时尚"的当代性特征，更关注时尚潮流和趋势对产品的影响，因而，要求掌握时尚趋势的捕捉路径、方法和表达技巧等。

《时尚产品设计与表达》是一本专注于时尚产品设计的专业书籍，是《鞋履设计与表达》《帽饰设计与表达》《时尚产品配色原理》等时尚产品设计系列丛书之一。本书系统介绍了时尚产品的设计概述、时尚产品的市场研究、时尚产品的用户研究、时尚产品的流行趋势研究、时尚产品的设计企划、时尚产品的设计构思和时尚产品的设计表达七大核心板块，以及每个板块的要点分析和大量图解，帮助读者结合课程学会从市场、用户和趋势调研出发，生成设计企划、发散设计构思、完成设计表达。

本书内容在综合了多位时尚产品设计专家的研究成果与实践经验的同时，还提供了丰富的参赛作品与教学实践案例，揭示了时尚产品设计的关键流程和方法，帮助学习者了解真实的时尚产品开发流程，并轻松掌握设计要点和方法。本书不仅适合高等本科院校学生、初学设计的时尚产品爱好者，对于有一定基础的时尚设计行业人员也是一本较好的参考。

编者

目录

第一章 时尚产品的设计概述　001

第一节　时尚产品设计的定义　002
第二节　时尚产品设计的五大特征　003
第三节　时尚产品设计的四项原则　005
第四节　时尚产品设计的关键步骤　006

第二章 时尚产品的市场研究　009

第一节　市场研究的目的　010
第二节　市场研究的三大阶段　011
第三节　市场研究的四种方法　014
第四节　市场研究的案例分析　016

第三章 时尚产品的用户研究　021

第一节　用户研究的目的　022
第二节　用户研究的内容构成　024
第三节　用户研究的六种方法　026
第四节　用户研究的案例分析　030

第四章 时尚产品的流行趋势　035

第一节　流行趋势研究的目的　036
第二节　流行趋势研究的主要内容　038
第三节　流行趋势研究的核心方法　042
第四节　流行趋势研究的案例分析　044

第五章 时尚产品的设计企划　049

第一节　设计企划的三大目的　050
第二节　设计企划的主要内容　052
第三节　设计企划的三种方法　056
第四节　设计企划的案例分析　060

第六章 时尚产品的设计构思　065

第一节　设计构思的目的　066
第二节　设计构思的内容　067
第三节　设计构思的方法　072

第七章 时尚产品的设计表达　085

第一节　设计表达的内容　086
第二节　设计表达的方式　092

课堂训练及思考　101

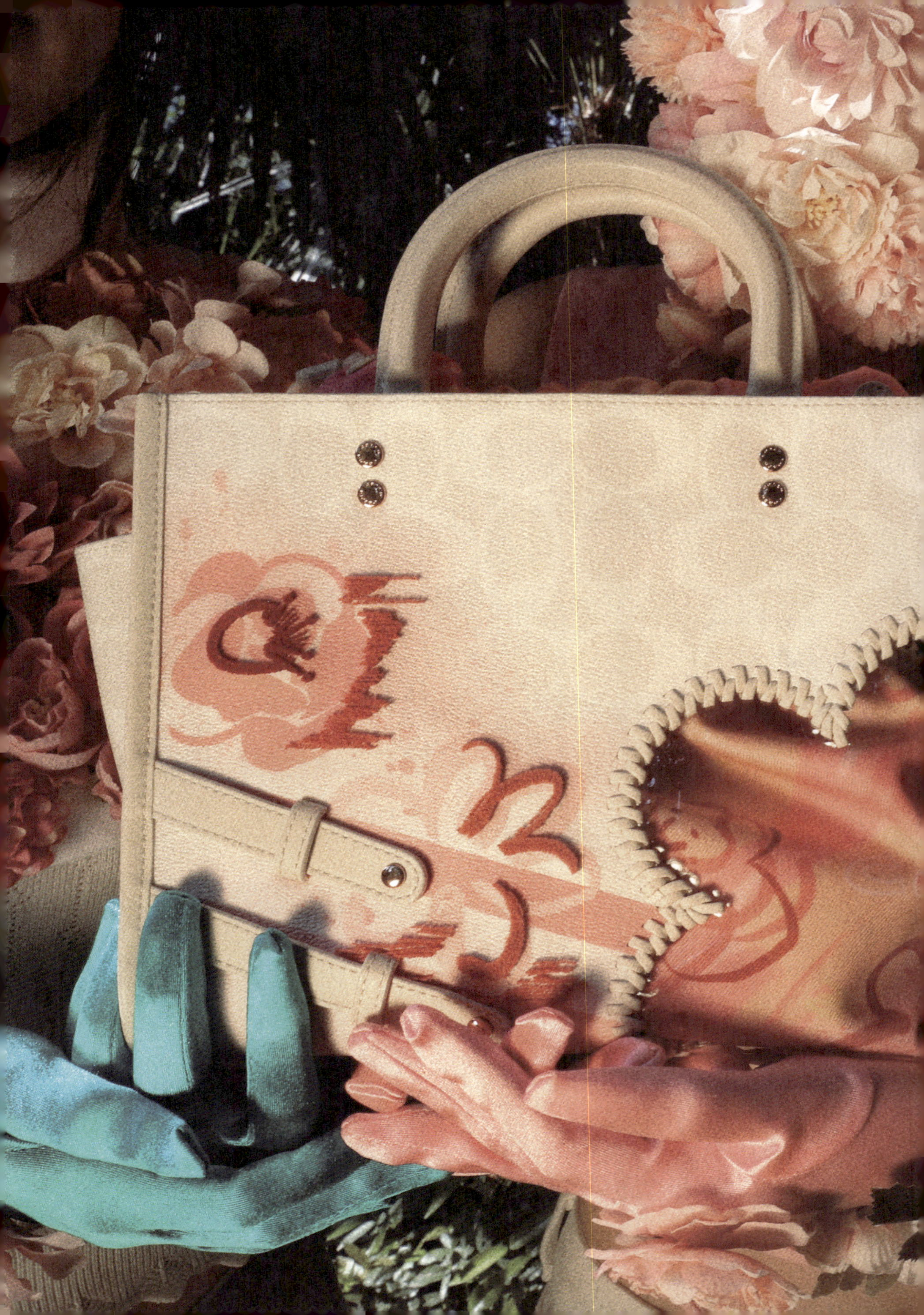

第一章 时尚产品的设计概述

　　时尚产品设计基于服装设计和产品设计的专业知识，通过独特的设计理念和创新的表达方式，打造出符合时尚趋势和市场需求的产品。本章通过对时尚产品设计的定义、五大特征、四项原则与关键步骤的介绍，为读者提供一个清晰的时尚产品设计框架，帮助他们更好理解时尚产品设计的具体内容。

第一节 时尚产品设计的定义

本节将详细解析时尚产品设计的定义,以便读者更加清晰地理解和阐释这一领域的相关概念。

图1-1-1 系列化时尚产品

"时尚"属于人类行为的文化模式范畴,在《辞海》第七版中的解释为"被大多数人崇尚且普遍流行的生活方式或行为模式"。时尚如今已经渗透进人们生活的各个领域,其蕴藏的巨大商业潜力和消费市场使之成为促进经济发展的"活性因子"和现代生产力的重要组成。

"设计"最基本的解释为:造物之前的预先谋划,通常需要以视觉化的方式进行,并落实在具体形态之上,使之便于理解和实施。从中西词语的溯源来看,中文中"设计"的含义受到英文"Design"的影响,从古典含义的"使用计谋"转变为了现代通用语义的"设想与计划"。工业设计大师维克多·帕帕奈克(Victor Papanek)提出"设计是为构建有意义的秩序而付出的有意识的直觉上的努力",一方面包括理解用户的期望、需要与动机,并理解业务、技术和行业上的需求和限制;另一方面是将这些所知道的东西转化为对产品的规划(或者产品本身),使产品的形式、内容和行为变得有用、能用,令人向往,并且在经济和技术上可行,这也是设计的意义和基本要求。因此产品设计的概念是从明确产品设计任务到确定产品具体结构的一系列设计工作,往往表现为一种计划、规划设想、问题解决的方法,并通过具体操作以理想形式表达出来的过程。

虽然目前还未有权威的词典对时尚产品设计做出明确的定义,但在时尚文化的影响下,时尚感成为现代产品设计中的重要追求,时尚化产品也已成为了现代产品的发展趋势之一,企业产品设计师的工作中已逐步增加了让产品更时尚的要求描述。目前,已经有众多高校开设了时尚产品设计专业与相关方向,其广义的时尚产品设计是指具有时尚特质的产品设计,指基于时尚生活方式展开的相关产品设计。狭义的时尚产品设计是以服饰品为载体的产品设计。本书中所提及的时尚产品设计是基于服饰品展开的,主要包括对鞋、帽、箱包、手表、首饰等"人身时尚"产品的设计。

第二节 时尚产品设计的五大特征

时尚产品相较于传统产品，在廓形、色彩、材质、品牌等属性上分类繁多。同时因时尚市场变化快、季节性强的运行规律，具有相对鲜明的产品特征。

01- 时尚性

时尚消费是目前消费中最具生命力的消费形式之一，时尚的观念也早已渗透进人们的物质生活和日常行为中，因此时尚往往能够推动设计创新，吸引大众参与的意识。时尚产品在时代潮流下形成百花齐放的繁荣局面，展现不同的风格，成为广大消费群体追逐时尚的落脚点。各大时尚品牌与前端研发人员通过流行元素诠释文化、历史、地域渊源打动消费者求个性、求新潮、求变化的时尚追求（图1-2-1、图1-2-2）。

图1-2-1 极具时尚特点的鞋履设计

图1-2-2 时尚产品设计展览

02- 季节性

时尚产品具有鲜明的季节性，受流行趋势影响较大，因此市场运作与产品管理与其他行业有所区别，例如款式、尺码、颜色的组合特性，库存的风险特性，市场策略的灵活性等。在时尚行业，每个季度都会有相应的展会以对产品进行发布（图1-2-3）。

图1-2-3 一年举办四季的时尚展会

03- 区域性

因不同地域的气候、物产、经济、文化等因素影响，形成了对产品需求的差异化，同时流行的传播速度和内容也随之产生偏差。这也使时尚产品设计具有区域性特征，研发人员应根据目标客群的敏感度以及他们所处的流行趋势等级的位置，来调整产品的风格、款式、色彩、材质、图案等构成要素（图1-2-4）。

图 1-2-4 海派文化在时尚产品上的应用

图 1-2-6 满足露营需求的功能性背包（作者：何易晓）

04- 功能性

人们购买时尚产品时都具有一定的目的，除去外观对于审美与情感需求的提供外，如果时尚产品设计开发能够在一开始满足消费者的功能需求，则会极大提高消费者的满意程度，从而提升产品销量，特别是那些对于功能性要求更高的时尚产品（图1-2-5、图1-2-6）。

05- 计划性

时尚产品设计的计划性在于其要求严格执行以时间节点为纽带的工作计划。由于受到供应商与经销商等诸多合作伙伴的系统性制约，需要很强的工作计划性做保障，在产品系列的设定上也能体现出明显的计划性特征（图1-2-7）。

图 1-2-5 具备按摩功能的时尚鞋履设计（作者：徐成锐）

图 1-2-7 为东华大学服装学院30周年院庆设计的时尚环保袋（作者：FPIS）

第三节 时尚产品设计的四项原则

时尚产品行业是一个迭代速度快、产品生命周期较短的行业,这也对时尚产品的研发提出了更高的要求。时尚产品设计过程中,通常需要把握时尚产品设计的基本原则。

01- 商业可行性

时尚产品设计与商业关联紧密,设计时需要具备市场意识、策划意识、沟通意识和营销意识,才能创造更多价值。因此在时尚产品设计过程中,不仅要处理好市场、营销、策划等设计前期的商业要素,同时需要考虑渠道、零售体验、供应链等设计后期的商业要素(图1-3-1)。

图 1-3-1 虎年上市的虎头帽设计(作者:薛凯文)

02- 材料技术可实现性

时尚产品设计的成功不仅仅止步于效果图上简单的纸上谈兵,后期的转化落地也是完成设计的重要部分,因此在设计前期就需要综合了解、把握材料与工艺的特性、加工方式等,才能将图纸上的设计转化为有竞争力的时尚产品。此外,技术资源强的设计可以形成技术壁垒,提升时尚产品的技术竞争力,减少竞争对手模仿的机会(图1-3-2)。

03- 用户的渴望性

时尚产品的选择一定程度上能够反映用户的生活态度和生活方式,因此,准确挖掘用户对产品的需求是提高时尚产品竞争力的重要因素,其中包括了时尚产品所提供给用户的情感需求和功能需求,基于此为用户穿着使用带来良好体验。客观需求作为设计基本的出发点,不满足客观需求将会导致产品的积压与浪费,因此在设计时应遵守用户渴望性原则(图1-3-3)。

图 1-3-3 用户参与共创的可持续模块化背包(作者:何心悦)

04- 创新性

创新性是时尚产品竞争的关键所在,这要求设计者在开发过程中通过捕捉前沿信息、整合设计资源、挖掘文化内涵的形式,冲破传统观念的束缚,从灵感来源、创意内核、产品外观等方面出发,将创新思维与技术应用到时尚产品中,确保所设计的产品走在时尚前沿(图1-3-4)。

图 1-3-2 3D打印的时尚女包(作者:魏美惠)

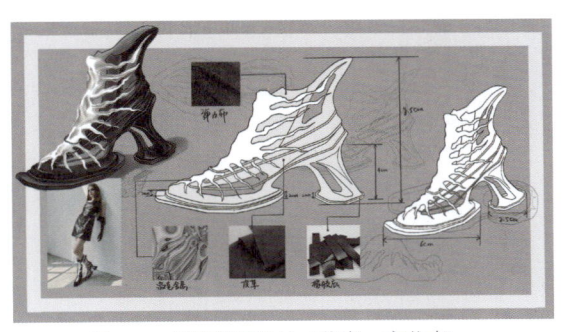

图 1-3-4 创新鞋履设计(作者:高艺嘉)

第四节 时尚产品设计的关键步骤

时尚产品设计的流程会因为产品类型的不同而存在一定的差异，本章节通过高校毕业设计优秀案例，阐述时尚产品设计的基本流程。

01- 设计简介与规划

在时尚产品开发的初始阶段，首先需要进行项目审批和规划工作，明确本次设计活动的基本情况与最终目标，这也是实际时尚产品开发流程中的启动阶段。在这一阶段进行清晰的梳理，有助于制定详尽的设计计划和顺利开展设计调研工作，这通常考验设计者在设计管理和统筹规划方面的能力。

在确定设计目标后，需要编制详细的设计开发计划。一份优秀的设计工作计划应该展示完整的设计流程体系、从设计研究到产品落地实现的过程，同时针对你自身所处层次的情况思考完成项目所需资源。

02- 前期调研与企划

在设计的研究阶段，首先，通过市场调研与趋势调研（图 1-4-1），分析市场同类型产品的竞争情况，洞悉新产品在当前市场的保障性。其次，需要收集用户需求、识别主要用户群体画像（图 1-4-2），这与设计概念的选择、产品风格敲定等环节具有紧密的联系，确保着时尚产品的商业可行性。

图 1-4-3 激光纹理实验与面料改造

对于所应用的技术或手段，需要进行针对性的实验，挖掘和拓展其在时尚产品上的应用，从中寻找创新的表现形式（图 1-4-3）。

而设计企划的重要性，则是为后续设计指明道路，指导包括设计阶段中主题和系列波段规划、产品 CMF 表现等，图 1-4-4 展示的是设计主题企划灵感版。

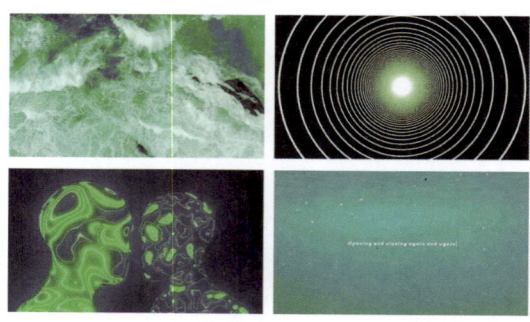

1. 在机械制造、电子元件、建筑材料等领域已经得到了广泛的应用。
2. 激光切割技术即为时尚领域发展过程中逐步出现的新亮点。
3. 在时尚鞋履上的应用相对落后且停留在较浅层面。

图 1-4-1 激光技术的背景调研

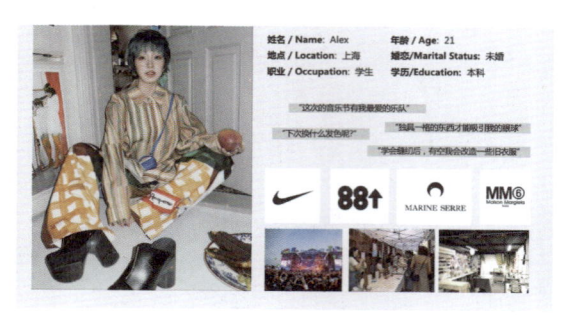

图 1-4-2 目标群体的用户画像

图 1-4-4 "呼吸频率"设计主题企划灵感版

03- 设计执行与表达

在产品企划的基础上，首先，设计师通过草图快速绘制初始设计，通过探索各种概念、形式、比例、线条、结构等展现脑海中的所有想法与设计方向（图 1-4-5）。

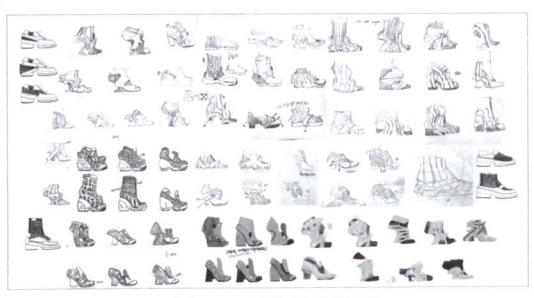

图 1-4-5 绘制设计草图

其次，通过将草图或效果图分组评价等形式，邀请多位设计人员与总监进行初审，筛选更适合的设计趋势与概念。往前推进设计的过程，需要进一步考虑技术细节，从色彩、表面质感、完整性等方面对面辅料进行比对和挑选，最终确定与设计主题更匹配的面料与辅料。

在创意筛选与评审后，进入时尚产品的具体设计阶段（图 1-4-6）。进行产品设计图稿的产出，需要确定时尚产品的具体比例与尺寸，对结构与细节作出更精确的绘制，同时进行系列化的设计。

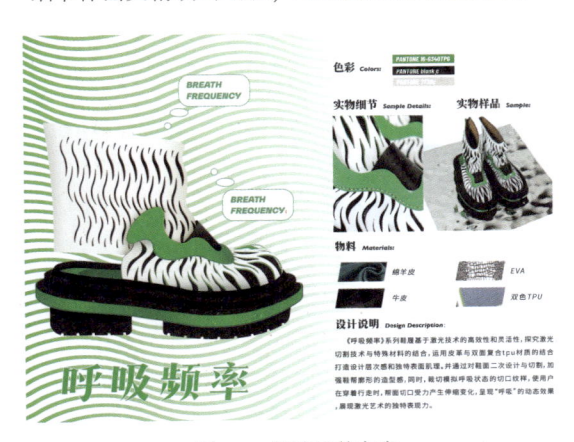

图 1-4-6 筛选后的方案

04- 实物转化与展示

确定概念后，设计师将对照最可行的方案进行制版打样（图 1-4-7），使开发人员可以在三维空间里表达和展现产品的整体造型与细节，进行综合评估。并将平面效果图转化为能够反映更多产品信息的透视图和三视图。

1-4-7 试制样品纸膜打样

针对打样的模型进行进一步的设计审查，结合评估结果，调整款式与细节，最终确定设计新品样式。绘制最终确定的正稿图，完成设计开发流程。后期需要根据产品的展示与营销策略，拍摄产品大片（图 1-4-8）以吸引目标消费群体。

1-4-8 产品拍摄

intertextile
SHANGHAI apparel fabrics

GO AHEAD   继续前行

POETIC   ALTERNATIVE   ENERGETIC

第二章 时尚产品的市场研究

  深入市场调查后得到的市场研究报告，是时尚产品设计的重要依据，通过相应的数据材料定位所设计的时尚产品，可以使其更贴近市场需求，在同类产品中获得竞争优势。只有经过严谨的市场研究，找到根本与正确的解决方案，所设计的时尚产品最终才能够经过市场的考验、得到市场的认可。

第一节 市场研究的目的

市场研究也称市场调查，是时尚产品设计流程中必不可少的环节，指的是运用科学方法，系统性设计、收集和分析市场信息与数据，以及提出与目标时尚产品所面临的营销状况有关的调查研究结果，从中了解市场同类产品的竞争情况与其发展趋势，挖掘新产品在当今市场中的保障性与潜在性，为后续设计提供客观资讯。

01- 洞察行业趋势

时尚行业对于市场发展动向的敏感度要求极高，因此也更要求及时准确地把握宏观政治经济、行业变化、技术创新等因素以应对不断变化的市场需求。通过市场研究综合分析，不仅能够了解市场范围内对该类产品的需求状况，还可以洞察产品在市场环境中呈现的趋势、机会与挑战，以及国家或者政府对于该类产品的政策倾向，以便企业及时调整战略方向（图2-1-1）。

图 2-1-1 政治经济趋势背景（作者：RM1707）

02- 找到精准定位

在确定目标市场之后，就要为开拓目标市场进行市场定位，即根据行业内企业或消费者对目标产品属性的重视程度和目标市场的竞争状况，给产品和具体的营销组合确定一个具有竞争性的地位（图2-1-2）。

图 2-1-2 品牌定位（作者：徐灵子）

03- 增强竞争优势

这一阶段也是市场研究能否发挥作用的关键，将调研数据整理汇总，按照重要信息元素进行识别与分类汇总，而后运用科学的方法进行分析，编制详细的调研报告，揭示目标市场中的竞争态势和差距，帮助品牌找到自身的差异化机会。通过对竞争对手的分析，品牌可以了解他们的定位、产品特点、市场份额等信息，并据此寻找自己的市场空白点，为目标市场提供有竞争力的产品价值和体验（图2-1-3）。

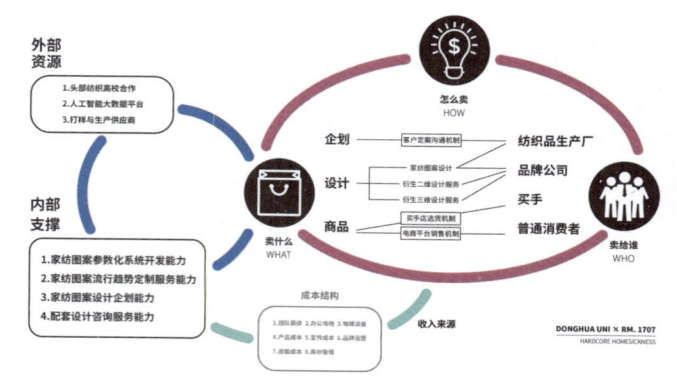

图 2-1-3 挖掘品牌的竞争优势以求突破
（作者：RM1707）

第二节 市场研究的三大阶段

　　市场研究需要建立一套科学系统的程序，其步骤一般来说分为三个大的阶段，即市场研究的准备阶段、市场研究的资料收集阶段和市场研究的资料整理与分析阶段。

01- 市场研究的准备阶段

　　设计师在开展市场研究工作前，往往需要进行一些前期准备工作，前期准备工作的充分与否，对后续市场研究的开展和调研质量具有举足轻重的影响。这一阶段的主要内容包括确定设计调研方案、划定调查区域范围、制定调查工作计划。

　　(1) 设计调研方案
　　一份完善的市场研究方案一般包括调研目的要求、调研对象、调研时间、调研方法、调研渠道等，通常可以运用调研表辅助进行，如图 2-2-1 所示。调研表的内容要简明，尽量使用简单、直接、无偏见的词汇，保证被调研者能在较短时间内完成。

reminder

注意：
市场调查就是运用科学的方法，有目的的系统搜集、记录、整理有关市场营销信息和资料，分析市场情况，了解市场的现状及其发展趋势，为市场预测和营销决策提供客观、正确的资料的过程。

序号	调研标题	调研开始时间	调研完成时间	调研方法	调研小组	调研渠道	调研对象	完成情况

图 2-2-1 调研计划表

　　(2) 划定调研区域范围
　　调研地区范围应与企业产品销售范围相一致，当在某一城市做市场调研时，调研范围应为整个城市；但由于调研样本数量有限，调研范围不可能遍及城市的每一个地方，一般可根据城市的人口分布情况，主要考虑人口特征中收入、文化程度等因素，在城市中划定若干个小范围调研区域，划分原则是使各区域内的综合情况与城市的总体情况分布一致，将总样本按比例分配到各个区域，在各个区域内实施访问调研。这样可相对缩小调研范围，减少实地访问工作量，提高调研工作效率，减少费用。

　　(3) 制定调研工作计划
　　制定市场调研的工作计划需要组织领导及人员配备、对调研人员进行组织与培训、敲定调研的路径、确定调研各阶段的工作进度等，此外，还需对调研产生的费用进行预估。

02- 市场研究的资料收集阶段

在制定好市场研究的前期准备工作后，就进入到市场研究的资料收集实施阶段。这一阶段的主要任务是组织调查人员按照调查企划的要求与工作计划的安排，通过案头调查与实地调查两方面，系统地收集各种信息、资料与数据（图2-2-2）。

注意：
资料收集阶段也是时尚产品市场研究的主要内容，往往决定市场调查能否取得成功的关键，因此采集数据的工具、途径和策略应提前做好预案。

图2-2-2 实地调研收集各类信息

资料收集阶段也是整个市场研究的主要内容，往往决定市场调查能否取得成功的关键。市场实地调查的数据来源可以从展会、门店、网络媒体等几个渠道入手，深入市场对其信息进行收集与整理（图2-2-3、图2-2-4）。

图2-2-3 纺织服装供应链博览会

图2-2-4 中国国际面料与辅料展

03- 整理和分析阶段

图 2-2-5 展示的是实地调查过程中收集与拍摄的资料进行整理分类的过程。对于深入市场调研后所收集到的产品素材，可以按照设计元素、面料、色彩、特征等进行分类整理，以方便后期更有效地形成调研报告。

图 2-2-5 废弃皮革的调研资料整理（作者：林婧怡）

较于案头调查，实地调查取得的市场信息时效性更强、可信度更高，但在反映市场及其影响因素的广度上有一定的局限性，因此，可考虑多种调研方法结合的形式进行补充和完善。

资料整理分析是市场研究的最后一个环节，也是市场研究能否发挥作用的关键。一般工作包括调研资料的整理、数据的分析、调研报告的生成。将调研数据整理汇总，按照重要信息元素进行识别与分类，而后运用科学的方法进行分析，编制详细的调研报告，以展示调研的细节与结论，指导制定符合市场情况的产品设计策略。其中，借助于图形化手段将数据进行可视化呈现，更能清晰有效传达与沟通信息（图 2-2-6）。

图 2-2-6 可持续品牌调研报告（作者：徐灵子）

第三节 市场研究的四种方法

市场研究方法有很多种，具体选取哪一种方法主要视市场研究的目标而定，选择最适合的方法开展市场调研与数据分析可以帮助设计者更好挖掘市场动向，取得市场竞争优势。本节简要介绍市场研究的四种方法。

01-SWOT 分析法

SWOT 分析法，也称态势分析法，是一种通过调查列举出研究对象的内部优势、劣势、外部机会和威胁，然后以矩阵形式排列，并运用系统分析的思想将不同因素相互匹配，从而得出一系列有决策性的结论的研究方法。这种方法可以帮助研究者全面、准确地研究对象所处的情景，依据研究结果制定发展战略、计划以及对策，将资源和行动聚集到自己的强项和最有机会的地方。

> SWOT 分析的四个维度（图 2-3-1）：

优势（Strength）：企业所具有的有利条件，它可以指企业所拥有的资源，知识，技术，设施，人员和其他方面；

劣势（Weakness）：企业所存在的不利条件，它可以指企业拥有的资源，知识，技术，设施，人员和其他方面的缺陷；

机会（Opportunities）：企业可以利用的外部环境的机会，它可以指企业利用外部环境的资源，发展新的市场或者技术，扩大范围，改善运营等；

威胁（Threats）：外部环境中可能对企业带来的不利影响，它可以指竞争对手的加强，政策变化，市场变化，技术变化等。

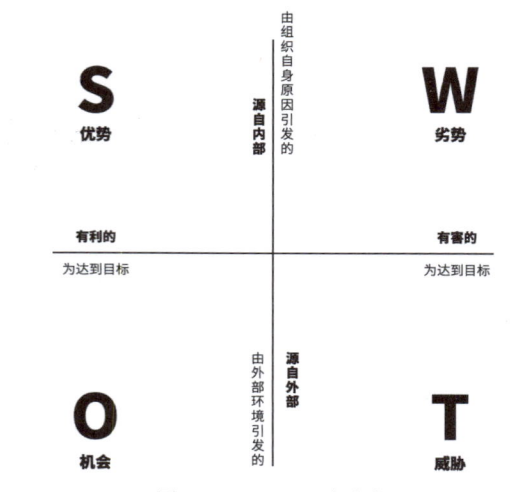

图 2-3-1 SWOT 四个维度

02- 数据分析法

数据分析法可以用来收集、整理、分析和可视化大量的数据，以探索出其中的模式、趋势和关系。通过数据分析法，可以更好地理解数据，以便做出更明智的决策，优化设计方向（图 2-3-2）。

> 数据分析过程主要分为以下步骤：

（1）识别需求：确定关注点及需要获得的内容，为收集数据、分析数据提供清晰的目标；

（2）收集数据：收集需要分析的数据，可通过不同的方式获取，比如从网上爬取数据，从文本文件中读取数据，从数据库中抽取数据等；

（3）数据可视化：通过用图表形式将数据展现出来，可以更直观地理解数据间的关系，进而得出有价值的结论；

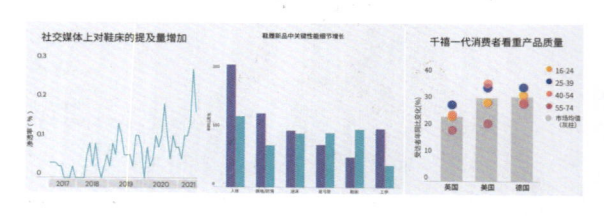

图 2-3-2 数据报告

（4）分析数据：根据收集到的数据，利用统计学、机器学习等技术，进行数据分析，获取有意义的结果；

（5）评价并改进：与预期结果进行对照，通过找到当前存在的问题及导致的原因，评估其有效性并做出改进；

（6）给出优化方案并编写数据报告。

03- PEST 分析模型

PEST 分析模型是一种宏观环境分析方法，可以用于帮助设计行业的专业人员识别和分析潜在的市场风险因素。它也可以用于识别可能会影响设计行业发展的政治法律环境、经济环境、社会文化环境、技术环境四大类外部因素（图 2-3-3）。

> 四大因素的主要内容：

（1）政治因素：政府政策、监管和法律限制、贸易政策贸易摩擦以及政府税收制度等。帮助设计行业及时了解政策变化，以便采取有效措施应对当前及未来的政策变化。

（2）经济因素：通货膨胀率、汇率变动、失业率、投资水平和经济增长率等。洞察整体经济环境，以便及时调整营销战略，应对经济不确定性带来的影响。

（3）社会因素：人口构成、人口老龄化、文化、宗教、价值观以及消费趋势等，使设计师深入了解消费者的需求和习惯，抓住消费者变化的机遇。

（4）技术因素：科技进步、互联网技术、其他软件应用、自动化、电子商务和新材料等，可以帮助设计行业及时了解技术发展趋势。

图 2-3-3 PEST 模型

04- 波特五力分析模型

波特五力分析模型由美国经济学家迈克尔·波特于 20 世纪 80 年代初提出，对企业战略制定产生了全球性的深远影响。其用于竞争战略的分析，可以有效的分析客户的竞争环境。如图 2-3-4 所示，波特模型五力分别是：
(1) 供应商的议价能力；
(2) 购买者的议价能力；
(3) 行业内现有竞争者的竞争程度；
(4) 替代产品或服务的威胁；
(5) 新进入者的威胁。

五种力量的不同组合变化 最终影响行业利润潜力变化。

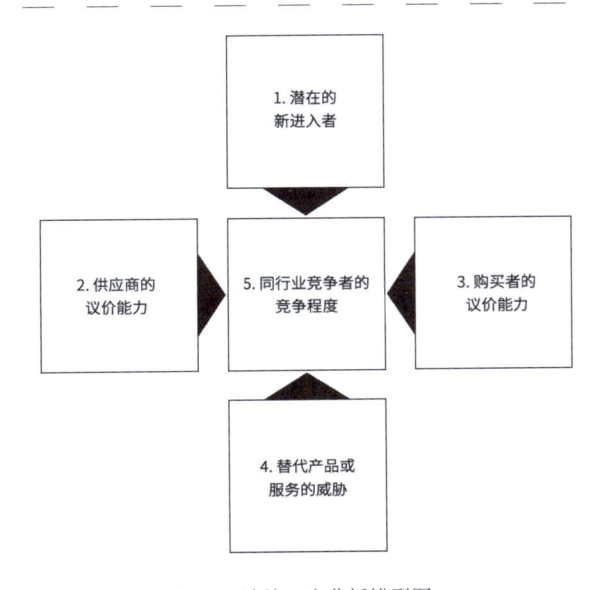

图 2-3-4 波特五力分析模型图

在设计行业中，波特五力分析模型可以用来识别市场和行业结构，以便确定可能的竞争优势。它可以帮助企业确定它们在行业中的定位，以及如何利用有限的资源最大化盈利。它还可以帮助企业分析竞争对手的战略，以及如何对其进行有效的应对。此外，波特五力分析模型还可以帮助设计行业的企业分析新兴市场，以及如何在新兴市场中占据先机。

第四节 市场研究的案例分析

时尚产品市场研究案例提供了实际应用和成功经验的范例，可以帮助我们更好地理解市场研究的重要性和方法，并从中获得有价值的见解和启发。

以下分析在时尚产品课程中由学生制作的帽子市场调研案例。

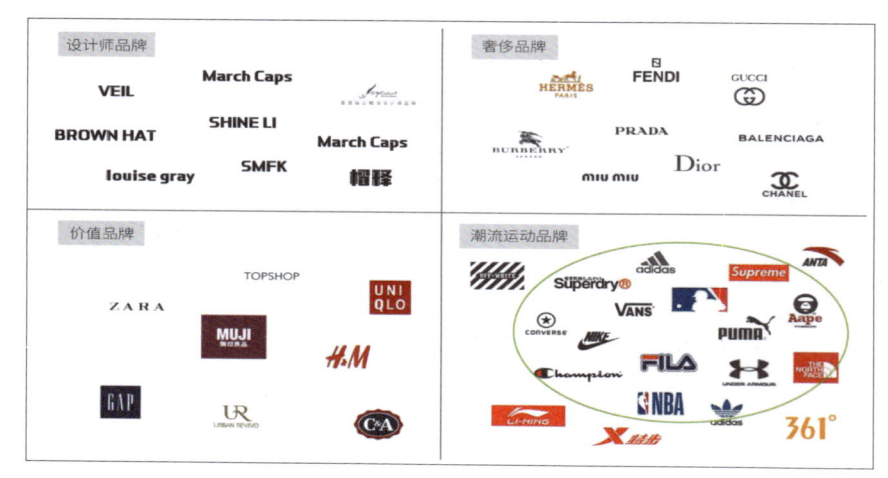

> 线上搜索资料，调研了 45 个帽类销售的品牌，根据品牌的定位分为了四类，通过用户和定位的区分最终选取了 15 个品牌开展线上与线下的调研（图 2-4-1）

> 对当季上架的竞争产品进行了汇总与罗列（图 2-4-2）

图 2-4-1 帽子品牌定位划分

图 2-4-2 帽子品牌调研与竞品罗列

2 时尚产品的市场研究

> 深入竞争品牌的线下门店开展调研工作，期间小组成员对产品进行试戴与体验，并将数据进行采集，结合线上收集的资料择选代表性产品生成可视化的品牌调研报告（图 2-4-3 ～图 2-4-5）。

图 2-4-3 冠军（Champion）品牌帽子调研报告

图 2-4-4 安德玛（Under Armour）品牌帽子调研报告

-017-

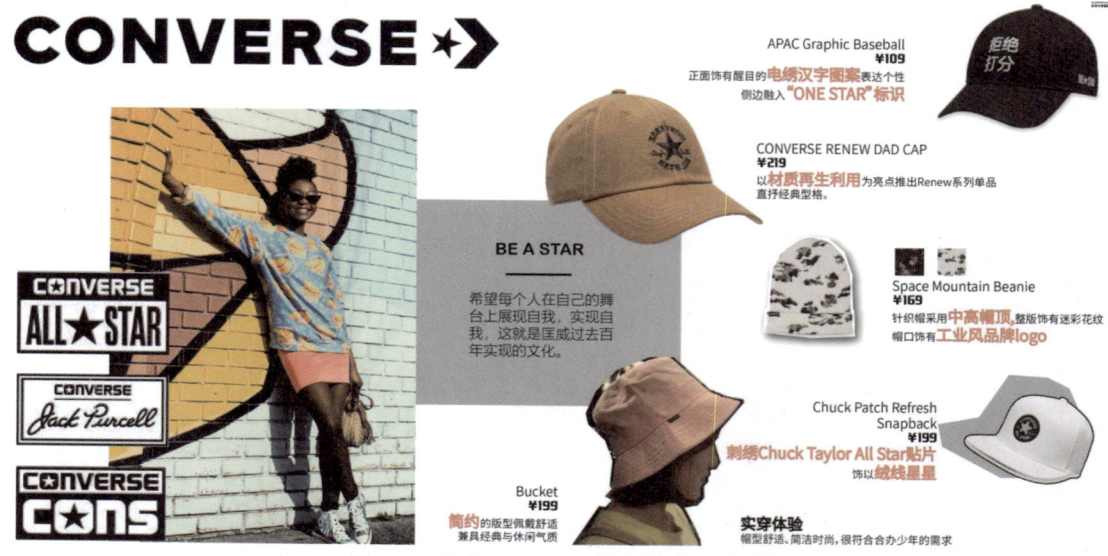

图 2-4-5 匡威（Converse）品牌帽子调研报告

图 2-4-6 竞争品牌当季推出的各类帽子中不同设计元素出现的数量

图 2-4-6 设计元素雷达图

图 2-4-7 根据竞争品牌当季推出的帽型款式汇总数量绘制的图表

图 2-4-7 帽型款式汇总数量图

时尚产品的市场研究

图 2-4-8 佩戴体验的记录和可视化

> 图 2-4-8 展示的是线下门店佩戴体验感受，以厚实 - 轻薄、贴合度高 - 贴合度低为衡量标准进行量化与可视化，对版型与所应用面料进行分析。

> 图 2-4-9 是搜集来的竞争产品品牌定价区间进行统计和比对

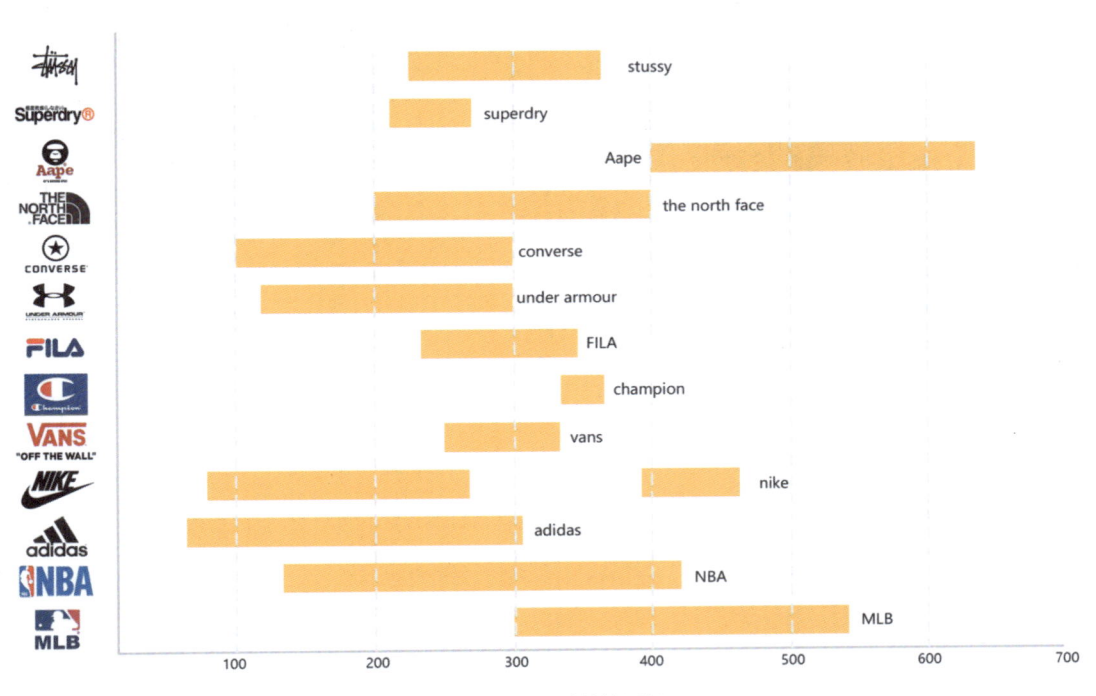

图 2-4-9 竞争品牌价格区间

-019-

SPINNING

第三章 时尚产品的用户研究

用户研究是一种系统性的方法，旨在了解和理解用户的需求、期望和行为。它是通过采集、分析和解释用户的反馈，行为和观察数据，以获取关于用户特征、偏好、行为模式和态度等信息的过程。用户研究的目的是帮助设计团队或企业更好了解他们的目标用户群体，以便针对用户需求和期望进行产品设计、开发和改进。

第一节 用户研究的目的

时尚产品的用户研究是一种以用户为中心的设计方法，旨在深入了解目标用户群体，将他们的目标、需求与时尚产品的商业宗旨相匹配，指导时尚产品的设计和营销策略，开发出更加符合用户期望的时尚产品，从而提升用户满意度和市场竞争力。

01- 挖掘用户需求

用户需求是商业活动的基础和起点。只有深入了解用户的需求，企业才能构建符合用户期望的产品和服务，实现商业成功。在当今社会和商业环境中，人们的基本需求已经得到满足。因此，在市场竞争中获得巨大商业价值的前提是洞察用户真正、深层次、未被满足的需求，而不是仅仅主观猜测用户可能存在的需求。

将用户置于设计过程的核心位置要求在具体设计之前深入了解用户群体，全面理解和洞察用户。这意味着我们需要获取关键的背景信息，挖掘用户对于产品的风格与功能的偏好，以支持后续的设计工作（图 3-1-1 ～图 3-1-3）。产品只有真正从用户出发并回归用户，为用户提供实际价值，才能赢得用户的喜爱和信任。

图 3-1-1 用户风格偏好的挖掘（1）

图 3-1-2 用户风格偏好的挖掘（2）

时尚产品的用户研究

图 3-1-3 用户风格偏好与生活方式

02- 掌握用户构成

　　用户构成是指用户群体的人口统计学和行为特征等方面的综合描述，包括但不限于年龄、性别、地理位置、收入水平、教育程度、消费习惯等。通过挖掘到的用户构成信息，设计团队可以进行精确的市场定位和目标用户定位，可以根据不同用户群体的特征和需求，开发具有针对性的产品策略和营销策略，以满足不同用户群体的需求并提高产品的市场竞争力。

03- 优化产品原型

　　用户研究还可以通过原型测试和用户反馈收集，评估用户对时尚产品体验的满意度。设计团队通过面对面访谈、问卷调研、眼动实验等方式可以直接获取用户对时尚产品功能、外观造型、舒适性等方面的评价。通过用户偏好和建议，设计团队可以有针对性的进行产品改进与优化（图3-1-4）。

问题点：

线上购买瑜伽服等贴身运动服时容易出现尺码误差

　　对于运动服来说舒适和功能性非常重要，随着极限运动的兴起使女性偏爱具有镂空图案的混搭套装。同时**多场合化**的服装也是一大需求点。

　　LULULEMON官网上大部分差评来自于色差和衣服尺寸与消费者的身材不符，瑜伽服非常贴身，而每个消费者的身材都不一样这时可能就需要**能够随时改变服装造型的拉链或其他辅料**来使每一位消费者都可以放心地在线上选购贴身运动服。

　　同时健康夜生活的与日俱增新兴，"热瑜伽"已然出现，很多消费者青睐镂空图案的瑜伽服，但如果有了可以改变服装造型的辅料可以将镂空图案拉上，消费者方便的穿着这件衣服去其他场合。

图 3-1-4 收集用户反馈，挖掘问题点

-023-

第二节 用户研究的内容构成

通过对目标用户群体的全面洞察，使得设计团队能够精准地确定目标用户群体，并深入理解他们的需求和期望，从而有效引导时尚产品的设计和创新过程。

01- 用户的基础信息

用户研究其中一项重要内容是研究用户的基础信息，也就是人口统计学信息。例如用户的年龄、性别、地理位置、收入水平、教育程度、家庭背景等方面的信息。通过对这些信息的收集和分析，可以建立用户画像的基本轮廓，将用户群体划分为不同的细分市场，以便更加精准地满足他们的需求和期望，有助于针对不同的用户群体开发定制化的时尚产品（图3-2-1）。

02- 用户喜好与价值观

用户喜好是指用户对于某种特定风格、设计元素、颜色、图案等方面的偏好。了解用户的审美趋向和喜好后，可以更好地制定具有吸引力的产品策略，以满足用户个性化追求。用户价值观是指用户对于特定的信念、理念、社会价值的看重和认同程度。时尚产品不仅仅是外在的装饰，它还涵盖了一种文化、态度和价值观。了解用户的价值观可以帮助设计团队将产品与用户的价值观相契合，通过产品传递特定的信息和情感。此外，还可以涉及用户对于品牌形象、社会身份、个人表达和文化归属感的关注，深层次的引发用户的情感共鸣（图3-2-2）。

图 3-2-1 用户基础信息

图 3-2-2 涵盖用户价值观与喜好的用户画像

时尚产品的用户研究

图 3-2-3 深入余村青年人才社区调研

03- 用户生活方式

　　用户的生活方式涵盖了他们的日常活动、社交圈子、消费习惯等方面。通过研究用户的生活方式，设计团队可以了解用户的行为模式、购物习惯、使用场景等信息，并从这些信息入手深度挖掘用户内心的真实情感，了解其内在需求，以便"对症下药"，使其与用户的生活方式相匹配，设计出令用户满意的产品（图 3-2-3）。

04- 用户对于产品的态度

　　用户对产品的态度是指用户对于市面上已有的同类型产品的主观评价、认知和情感反应。这种态度包括用户对产品的喜好程度、满意度、信任度以及购买意愿等。通过对这些态度的综合分析和理解，可以为新产品的设计和创新提供有针对性的方向和灵感（图 3-2-4）。这类研究也可以应用于创新产品的原型评估。

图 3-2-4 用户代表对产品进行打分

-025-

第三节 用户研究的六种方法

用户研究要求我们从用户出发，尝试理解并感知用户行为、需求和动机。用户研究的方法很多，并且需要根据实际情况进行调整，本节介绍在时尚产品设计过程中常用的用户研究方法。

01- 用户访谈

用户访谈是用户研究最常用的一种定性研究方法，主要方式是研究者和用户进行深入交流，通过提出一些结构化的问题以及自然衍生的其他问题来了解用户的想法、动机。一般需要预先确定关键测试目标，然后设定问题提纲，规划好提问顺序，并逐步实施，以帮助解答最先设定好的测试目标，对于访谈内容需要进行详细的记录（图3-3-1）。根据不同的研究目标，访谈可以分为结构式、半结构式和开放式：

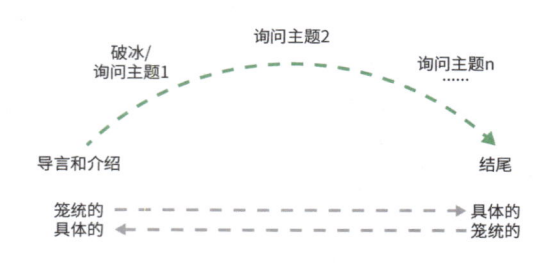

图 3-3-2 主题引导的顺序和结构

图 3-3-1 访谈记录

> 结构式

通常也称为封闭式或闭口式。访谈员抛出事先准备好的问题让被访者回答。为了达到最好的效果，访谈员必须要有一个很清晰的目标，整个过程需要引导被访者不偏离主线任务，提出的问题也需要经过仔细推敲和打磨。

> 开放式

访谈员和被访者就某个主题展开深入讨论，由于回答的内容是不固定的，所以被访者是根据自己的想法大致描述或简短描述。但需要注意的是，访谈员和观察员心中要有计划和目标，尽量让话题围绕主题进行，图 3-3-2 展示了开放式访谈中主题引导的顺序和结构。

> 半结构式

半结构式是结构式访谈和完全开放式访谈两种形式的结合，也涵盖了固定式和开放式的问题。为了保持研究的一致性，访谈员需要有基本的提纲作为指导，以便让每一场访谈都可以围绕主线任务。图 3-3-3 是被访谈者与学生正在进行半结构式访谈。

图 3-3-3 访谈过程

02- 问卷调查法

问卷调查法，是指调查者通过统一设计的问卷来向被调查者了解情况、征询意见的一种资料收集方法。问卷调查法也是用户研究或市场研究中常用的一种方法，这种方法可以在短期内收集大量回复，可借助网络传播调研而降低成本，具有广泛的应用性（图3-3-4）。

> 问卷调查前的准备工作：
（1）明确调研目的及内容
（2）确定资料收集的方法与渠道
（3）确定问题的类型
（4）考虑问题的措辞
（5）确定问题的排列顺序
（6）问卷评估
（7）预调查与修改
（8）制成正式问卷

> 问卷的一般结构：
（1）卷首语

卷首语即是问卷调查的自我介绍，卷首语的内容应该包括：调查的目的、意义和主要内容，选择被调查者的途径和方法，对被调查者的希望和要求，填写问卷的说明，回复问卷的方式和时间，调查的匿名和保密原则，以及调查者的名称等。为了能引起被调查者的重视和兴趣，争取他们的合作和支持，

图 3-3-4 问卷填写

卷首语的语气要谦虚、诚恳、平易近人，文字要简明、通俗、有可读性。卷首语一般放在问卷第一页的上面，也可单独作为一封信放在问卷的前面。

（2）问题和回答方式。

它是问卷的主要组成部分，一般包括调查询问的问题、回答问题的方式以及对回答方式的指导和说明等，图 3-3-5 展示了问项的基本类型。

（3）编码

所谓编码，就是对每一份问卷和问卷中的每一个问题、每一个答案编定一个唯一的代码，并以此为依据对问卷进行数据处理。

图 3-3-5 问项的基本类型

03- 民族志法

民族志法是通过与潮流创新者或关键类型人物的接触，直接去观察、体验、感知时尚潮流，详细收集目标群体的生活方式和购物习惯，并利用这些观察去估计这样的生活方式会对其他群体产生怎样影响的实践手段。它可以帮助我们解密创新者或早期接受者的行为动机，目的是预测其余群体未来的行为（图3-3-6、图3-3-7）。

图 3-3-6 运用民族志法模拟行李箱产品目标群体 (1)

图 3-3-7 运用民族志法模拟行李箱产品目标群体 (2)

> 民族志法的研究步骤

（1）确定目标群体
确定一个你渴望涉及或追踪的目标群体。

（2）记录有关的日常生活
请你的目标群体写日记或活动日志，以此了解他们与所研究领域或与主题有关的日常生活。

（3）分解关键动作或行为
通过录音、拍照或数码捕捉等形式，记录那些你所观察的目标群体的日常活动的关键部分。

（4）资料整理
整理以上记录的日记、图片、文本、录像片等，尝试通过再现的形式更好地理解他们在做什么、是怎么做的，以及对你所研究的人群来说意味着什么。

04- 陪同购物法

陪同购物法又称模拟购物，是指在受访者同意后，访问员会陪同被访者的购物全程，观察其是如何进店、走的路线、如何选购商品、对促销品是否敏感等，并询问其作出此行为的原因的一种定性研究方法，在陪同过程中从各个方面细致观察消费者在购物中的纠结和关注点，这是一种直接了解消费者购买习惯和品牌选择过程的方法。陪同购物法需要一切从目的出发，无论是观察、互动、访问任何一环节的重点皆是围绕最终目的进行（图3-3-8）。

图 3-3-8 陪同购物法

05- 焦点小组

图 3-3-9 焦点小组

  时尚产品用户研究中的焦点小组方法是一种定性研究方法，通过组织一小组具有相关背景和兴趣的参与者，集中讨论特定话题或主题。这种方法旨在深入了解参与者的观点、态度和体验，以获取有关时尚产品的深层洞察。

  通常由 6 ～ 8 名被访者组成一个讨论小组，一名主持人负责提问和引导讨论，是一种无结构的自然的形式。被调查者交谈会上可以互动式地交流，随意性强，类似头脑风暴，通常运用开放式的问题来集思广益。

06- 用户画像

  用户画像的概念最早由交互设计之父阿兰·库珀（Alan Cooper）提出，指真实用户的虚拟代表，是建立在一系列属性数据之上的目标用户模型，严格意义上讲更像是用户研究的产出物，而不是用户研究的方法，用户画像需要我们结合其他方法如访谈、问卷等收集信息，然后构建一类典型用户的模型，这个模型将作为设计的中心，以保证产品真正与用户相关。需要注意的是用户画像是一类人的概括和提炼，虽然最终呈现在我们面前的是一个有实际年龄背景的具体的人，但他只是作为一个典型代表（图 3-3-10）。

图 3-3-10 用户画像（作者：林婧怡）

第四节 用户研究的案例分析

本节展示时尚产品用户研究的实际案例，帮助我们更好地理解用户研究的方法在时尚产品设计中的具体应用，并从中获得有价值的见解和启发。

以下分析博物馆文创服饰品用户调研案例

案例选题确定为——《莲塘乳鸭图》衍生时尚产品设计，通过研究上海博物馆文物——以非遗缂丝技艺织造的《莲塘乳鸭图》，该如何与年轻人喜爱的时尚产品相结合，以时尚产品为载体推广中国优秀传统文化。首先，设计师通过对上海博物馆进行现场观察调研，分析对上博文博文创产品感兴趣的用户及潜在用户日常搭配包袋及鞋履的喜好。

观察记录：参观上海博物馆的人群的服装搭配风格多样，但更多以休闲为主，身穿非常时尚潮流风格服装的人较少。有很小一部分穿如汉服元素、旗袍元素的年轻女性。
关于鞋履，大多数人群穿运动鞋、板鞋，一小部分中青年女性会穿浅口女鞋，也有一小部分年轻女性穿中筒靴类。
关于包袋，女性使用斜挎/单肩包最多，年轻女性通常背偏都市一些的皮包或单肩帆布包，其次是双肩包。男性使用双肩包更多，也有许多不背包男性。

图 3-4-1 观察进入上海博物馆人群的服饰搭配情况

观察记录：据2022年10月15日14时28分至15时03分对入口处的观察发现，客流量为153人，其中男性60人、女性86人，儿童7人。结合馆内情况可推出上海博物馆参观人群女性略高于男性。

> 通过实地观察，并拍摄记录，对馆内参观人群的总体布局情况与穿着风格有了大致的了解。如图 3-4-1 中，对于馆内人群服饰搭配情况进行了记录，图 3-4-2 则对参观人群的基础信息构成有了初步了解。

图 3-4-2 观察馆内参观人群的总体情况

3
时尚产品的用户研究

观察记录：**人群构成复杂，年龄段从儿童到中年均有分布。在男性中，中青年及中年人群更多。女性年龄分布更分散。**

购买了上海博物馆文创产品的人

穿戴国潮服饰品的人

汉字元素板鞋

甲骨文元素单肩包

鸿星尔克国漫元素

图 3-4-3 观察购买博物馆文创人群的服饰搭配情况

在上海博物馆一楼中央有一些文创产品在售卖及展示，围绕在此的人群30岁以上的女性及携带儿童的家庭更多，男性较少，通常是随女性同伴一起围观。

驻足上海博物馆文创的人群

> 对有购买意向与产生购买行为的人群进行进一步观察，对其所穿戴的产品进行记录，分析他们的喜好，受众用户的画像变得更加清晰（图 3-4-3、图 3-4-4）。

图 3-4-4 观察驻足上海博物馆文创产品的人群

-031-

其次，通过问卷调研，分析公众对文博文创及其时尚产品的喜好及想法，来协助设计者明确产品的定位、确定目标人群及设计载体方向。

本次问卷标题为"关于公众对文博文创及其时尚产品的想法的调查"，具体问卷内容包括用户挑选文创产品时优先考虑的因素、对文博时尚产品的兴趣及文博产品风格、产品类型、价格等信息（图3-4-5）。

再次，对问卷进行数据总结与交叉分析，生成可视化报告，并分析得出结论（图3-4-6、图3-4-7）。

图 3-4-5 "关于公众对文博文创及其时尚产品的想法的调查"问卷

图 3-4-6 问卷数据呈现与分析（1）

时尚产品的用户研究

图 3-4-7 问卷数据呈现与分析（2）

最后，根据上述研究与结论，从用户属性、兴趣爱好、购买力等方面绘制了用户画像，如图 3-4-8 所示。将用户定义为 18～28 岁女性，日常生活以休闲服装搭配为主，喜爱参观博物馆，喜好文化浓度高的事物，对文博衍生产品感兴趣，既注重文博元素时尚产品的实用性，也希望产品有较高的时尚度与文化特性。依用户研究结论开展设计构思，生成满足受众用户喜好的时尚产品。

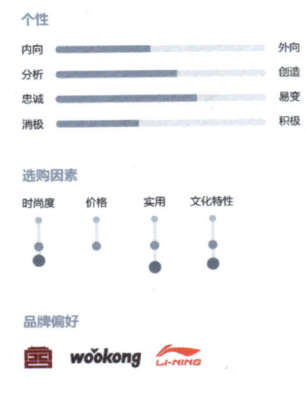

图 3-4-8 用户画像

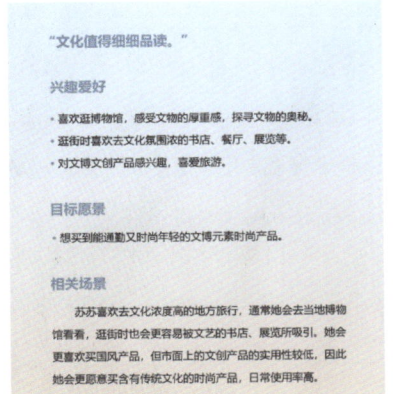

-033-

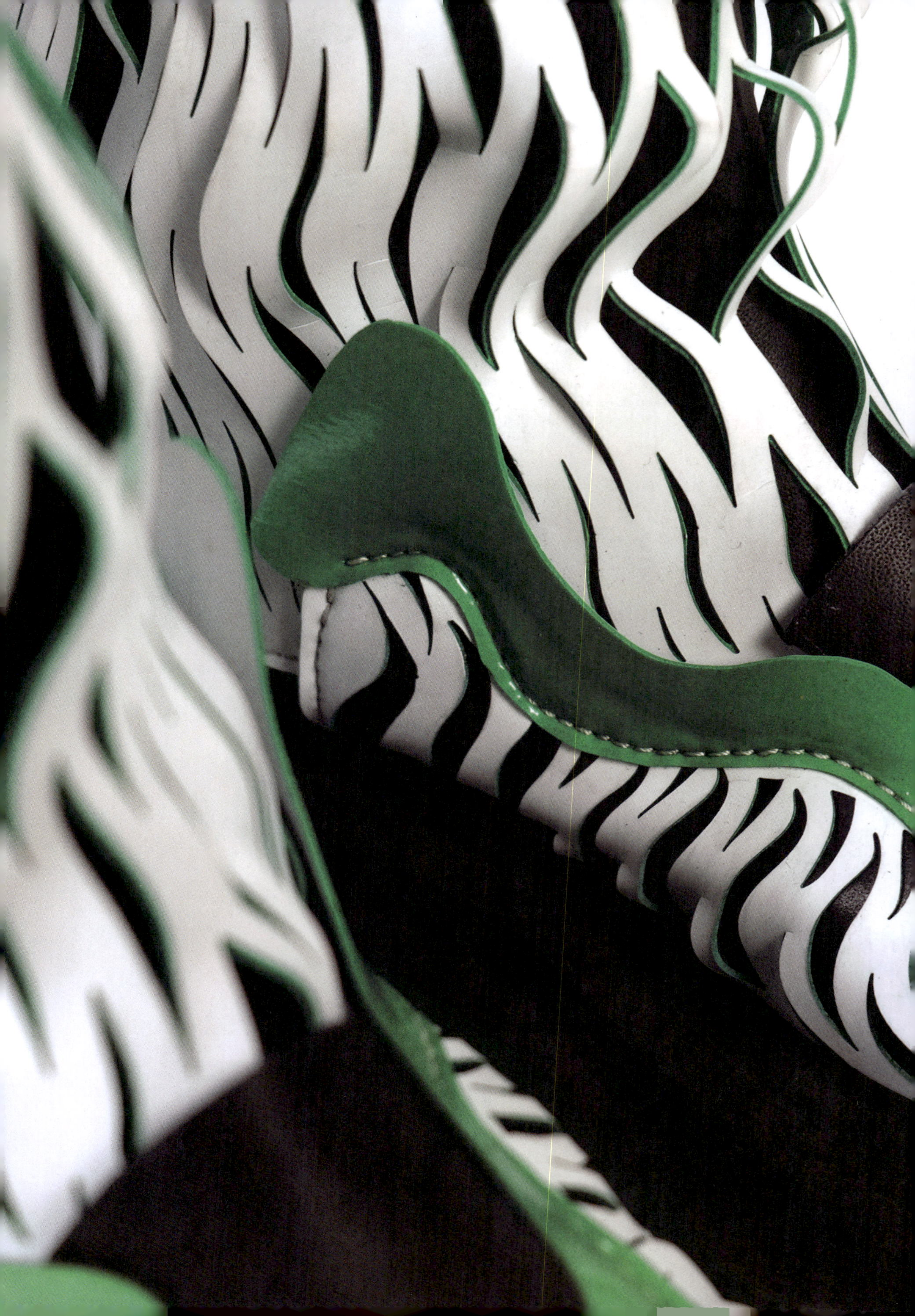

第四章 时尚产品的流行趋势研究

　　时尚产品的流行趋势预测是设计研究过程中的重要环节，它可以帮助时尚品牌和设计师了解时尚行业未来趋势与受众群体的需求变化，从而制定出更有针对性的产品研发方向与营销策略。流行趋势预测的基本方法是通过对客户的消费行为和偏好进行调查，实时追踪行业发展动向，以及将色彩、风格、材质等趋势因素相结合，来预测未来流行趋势。

第一节 流行趋势研究的目的

趋势预测被时尚或设计行业广泛应用，通常用以描绘消费者当下的行为和穿着，以及未来数月或数年可能发展的流行方向。

图 4-1-1 2021 春夏途家色彩趋势

过去一百年里，趋势预测已经从一系列非常小众的、通过专门服务购买的专业技能，演变成为大部分时尚行业从业者期待或已经具备的技能。如今，捕捉和预测趋势的能力是常规设计和生产过程的一部分，时尚产品设计师需要把握来自社会政治、经济和文化等因素的多重影响，预测未来消费者的需求倾向（图 4-1-1）。而为了让产品在正确的时间上架出现在消费者的眼前，流行趋势预测一般会遵循如图 4-1-2 的时间表。

01- 明确开发方向

通过对流行趋势的研究，设计师们可以更好洞察时尚趋势和热点，从而分析消费者的需求，并充分考虑流行元素与产品开发之间的关系，从而以更有创意的方式开发出更吸引消费者的产品，满足市场的需求、保障一定的消费者认可度。

设计师从流行趋势报告中所获得的有用信息，可以使他们更准确地定位市场，帮助时尚产品品牌或企业避免生产的盲目性、减少

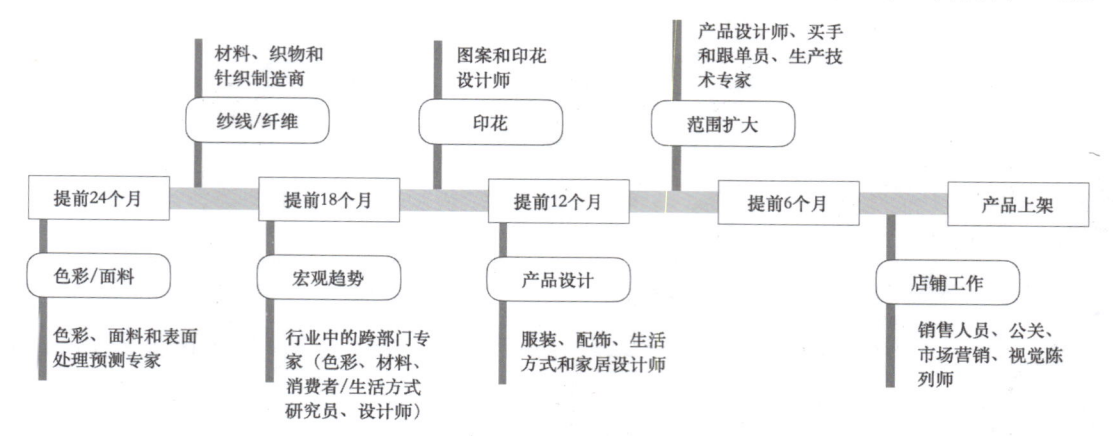

图 4-1-2 流行趋势预测时间表

市场风险和社会资源的浪费。但同时，对于流行元素的应用需要细密推敲，反复审视品牌原则或设计的精神内核，防止随波逐流。对于时尚企业来说，流行趋势预测能够帮助其在生产、采购、价格定位、渠道选择和市场营销等方面做出明智的商业决策，从而提高效率、降低成本和增加利润。

图 4-1-3 列举的是目前不同流行趋势预测机构所推出的趋势板块内容。

03- 丰富设计的表现形式

流行趋势预测研究为设计师提供了深入的市场趋势分析，尤其是对于当下最新的风格、颜色、图案和材料，以及消费者的偏好和行为，有着更加精细的洞察。这些信息可以为设计师提供最新的时尚信息和创新思路，以使其更好地把握当前的市场动态和趋势，创造出更具吸引力和市场竞争力的产品（图 4-1-4）。

02- 了解大众审美发展趋向

了解大众的审美偏好是塑造产品或风格流行的关键因素，通过分析社交媒体平台上的用户内容以及跟踪不同购物渠道中消费者行为和购买模式等流行趋势预测方法，可以更好了解其目标受众的审美偏好，这些偏好可以为品牌产品的开发提供有价值的参考信息。同时，用户的审美取向可以用来指导产品开发和营销策略，帮助公司在新兴趋势方面保持领先地位。目前有专业的工具和软件可以帮助公司分析和解释这些数据，使其更容易将用户审美偏好纳入趋势预测模型中。

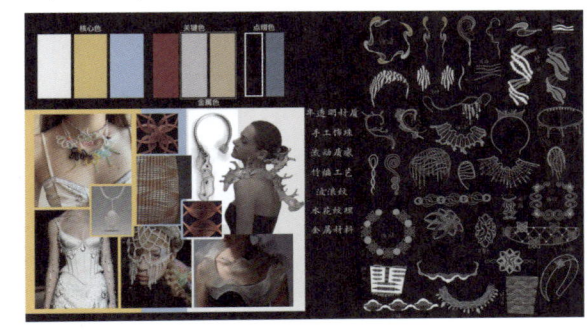

图 4-1-4 设计的表现形式

流行趋势预测机构	趋势板块
美国色彩协会	女士流行色预测、男士流行色预测、青年时尚流行色预测、室内设计流行色预测
彩通	趋势预测、年度颜色、时尚色彩趋势报告
蝶讯	爆款跟踪、灵感源（女）、素材图库（童）、原创品牌、品牌图库、时装发布、色彩分析、趋势分析、企划方案、色彩与灵感、T台趋势、图案趋势、面料趋势与工艺、橱窗分析、灵感主题、成册书籍
WGSN	设计与灵感、14大产品类别、零售情报、图片库、设计工具与资源
POP流行在线	主题色彩、图案趋势、面辅料趋势、工艺趋势、廓形趋势、快反应
热点	发布会、视频、T台分析、零售分析、街拍分析、品牌分析、订货会、设计师品牌、时装大片、趋势书籍、工艺细节、图案印花、杂志书籍、图片库
NellyRodi	新闻、洞察、灵感、创新、生活方式
Promostyl	时尚、纺织品及其材料、饰品与珠宝、化妆品、室内设计与零售商铺、高端以及大众零售行业、媒体与广告、大型活动与公共关系、文具、食品、酒店、汽车

图 4-1-3 流行趋势预测机构及重点板块

第二节 流行趋势研究的主要内容

流行趋势预测对于设计师、品牌和时尚企业来说至关重要。流行趋势所涵盖的内容能够帮助他们了解消费者的喜好和需求，提前把握市场趋势，为产品开发、品牌定位和市场推广提供指导。

01- 趋势主题与背景

流行趋势受到多种因素的影响，其中包括社会文化背景、经济形势、科技创新、环境保护等因素。社会文化背景影响着人们的审美标准和时尚观念的转变，经济形势则影响着人们对时尚产品的消费能力和消费习惯的变化，科技创新则为时尚产业带来新的材料、技术和生产方式，而环境保护的要求则促使时尚产业转向可持续发展的方向。这些因素交织在一起，共同影响着时尚产业的发展和流行趋势的演变。

图 4-2-1 拖鞋行业趋势背景

归纳流行趋势的主题和挖掘趋势背后的背景，需要进行大量的调研和数据挖掘以收集信息。通过收集与研究与主题相关的信息，包括相关行业的新闻、文章、市场报告、社交媒体上的话题等，以便更全面了解流行趋势的发展情况和趋势方向来进行系统性的整理和归纳，挖掘出其内在的规律和趋势。此外，还需要考虑政治、经济、文化等方面的背景因素，以及市场需求和消费者心理等方面的因素。最终，通过深入分析和综合评估，可以得出准确、客观且富有前瞻性的流行趋势和其背后的背景（图 4-2-1、图 4-2-2）。

时尚产品的流行趋势研究

各国合作/积极探索太空以
面对人类共同问题
政治

元宇宙/虚拟现实
影响时尚与经济
经济

太空/人类/科技 成为新的关
注点
文化

图 4-2-2 宏观流行趋势

02- 廓形趋势

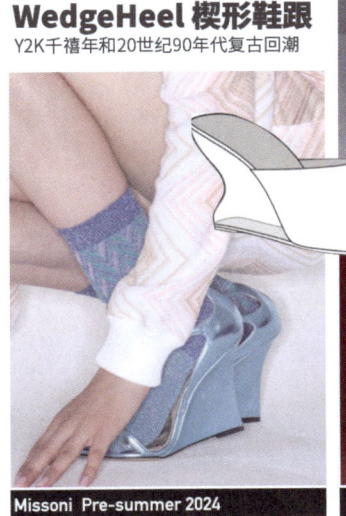

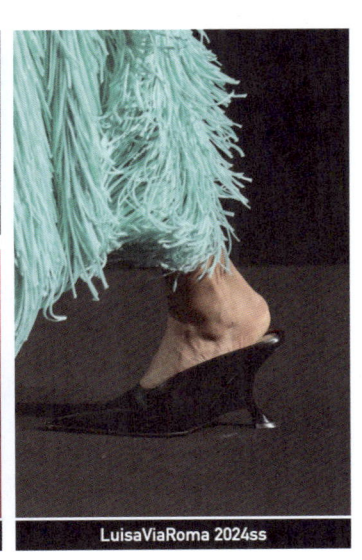

图 4-2-3 鞋履廓形趋势

  外轮廓线是指服装正面或侧面的轮廓，服装界常用的说法也称为廓形，是时尚产品的关键要素之一。廓形的设计和完成需要设计师付出最大的创造力和精力，而不同类型的时尚产品其廓形的组成部分也不尽相同。在时尚产业中，廓形趋势是指时尚产品的形态变化趋势，包括服装、配饰以及其他时尚产品等廓形。时尚产业中的廓形趋势在不断变化，受到历史、文化、社会和技术等多种因素的影响。近年来受流行趋势的影响，时尚产品中越来越多使用了多元化的廓形，而配饰的廓形也对整体造型起着重要作用。例如鞋子的鞋头形状、包身的形状等。廓形趋势的研究需要对市场需求、消费者心理和材料技术等进行深入的分析，这是时尚产品流行趋势研究中非常重要的一环（图 4-2-3）。

-039-

03- 流行色

在时尚产品行业中，色彩被认为是最为重要的设计因素之一。由于行业的快速变化及消费者需求的不断变化，设计师们必须对流行色趋势保持高度敏感，以确保其产品在市场上具有竞争力。

流行色指的是在特定时间范围内，在时尚和设计领域中最为受欢迎和使用最为广泛的颜色。它是由市场趋势、消费者需求、设计师创意和面料展示等多种因素共同影响形成的（图 4-2-4），具有一定的社会文化和心理意义。

图 4-2-4 2021ss 途家拉杆箱流行色预测

流行色的周期形成是一个相对缓慢的过程，通常需要数年时间的酝酿和培育，才能达到高峰，并且在高峰期逐渐发展壮大。随着时间的推移，流行色会逐渐衰退，让位于新的流行色。不同的流行色的周期长短不尽相同，受到多种因素的影响，如市场需求、消费者喜好、时尚趋势、文化背景等。

图 4-2-5 法国 Première Vision 展

流行色的周期具有一定的不确定性，需要通过市场分析和趋势预测等手段，对其进行科学的研究和预测。因此，对于设计师来说，发现并培育那些即将成为流行色的颜色至关重要。图 4-2-5 是展会上发表的流行色，图 4-2-6 展示的是流行色预测机构发布的流行色预测手册。

图 4-2-6 PANTON 流行色预测手册

04- 材料趋势

从基础的皮毛到现代各种再生皮革、塑料、金属、木材、像素材料、纺织材料等，时尚产品所涉及的材料种类繁多。这些材料在时尚设计中作为重要条件之一，其选择已经呈现出相互组合、相互渗透、相互补充的局面。

图 4-2-7 不同材料的表现

图 4-2-9 运用创新材料的服装辅料

当前，时尚界中流行的材料主要包括可持续材料、人造皮革、金属材料、绒面材料和自然材料等。可持续材料是受到环境保护关注的材料，例如有机棉、竹纤维、可回收聚酯纤维等；人造皮革则因为对动物权利的关注而受到追捧；金属材料作为局部装饰元素已经存在很长时间，但受到流行趋势的影响，金属或仿金属的材料也被大面积运用；天然材料，如麻、棉、丝、麦秆等，因其原始、纯净的质感而受欢迎。这些材料的共同点是它们能够为时尚产品提供特殊的纹理、触感和外观效果，成为时尚界追捧的流行材料。图4-2-7、图 4-2-8 是材料展会上展现的创新材料，图4-2-9 展示了运用创新材料的服装辅料。

图 4-2-8 新材料展会

第三节 流行趋势研究的核心方法

流行趋势的预测就是围绕流行的、潮流的大量实例做出剖析，综合现行的社会、科技、文化、经济形势，确立流行发展趋势的过程。流行趋势研究涉及多种方法和技巧。

01- 专家小组法

专家小组法又称"德尔菲法"，是一种收集和评估专家意见的常用方法。该方法的基本思路是将一组专家聚集在一起，让他们就特定问题进行集体讨论和辩论，并汇总各自的意见和建议，最终得出一份共识意见或建议报告。这种方法的优点是可以充分利用各种专业领域的知识和经验，从多个角度审视问题，提高决策的准确性和可信度。专家小组法主要应用于预测和评价，它既是一种预测方法，又是一种评价方法，具体的操作流程如图 4-3-1 所示。

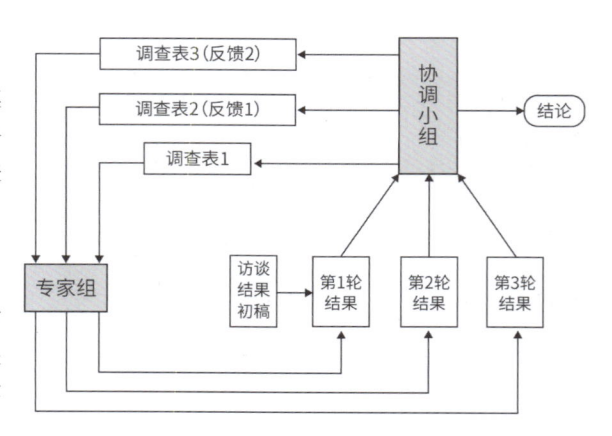

图 4-3-1 专家小组的操作流程

专家小组能针对你预感到将要引发的时尚潮流，为你提供更为连贯且逻辑性更强的观点，深入探究时尚潮流背景并使其更具体化的过程。也是战略性地探究有关"谁"（潮流创造者）、"什么"（潮流的名称）、"哪里"（潮流发源地）、"为什么"（促使它出现的因素）、"何时"（潮流开始的时间）等问题的过程（图 4-3-2）。

图 4-3-2 专家小组探讨材料趋势

02- 直觉分析法

直觉分析法是一种独立选择和判断流行方案的方法，它依赖于分析者对消费者需求和心理的经验和主观判断。在流行趋势研究中，直觉分析法通常被用作辅助方法，以评估和辅助决策。对于时尚产品设计师而言，在进行直观分析之前，需要收集大量与流行相关的信息，然后凭借敏锐的直觉、丰富的感受和个人才华进行再创造。直觉分析法的敏感度和权威性是评估方案可靠性的重要标准之一。

> 左右脑思维

用左右脑的合理运用来进行直觉分析，用左半脑来处理理性、逻辑、线性的活动，右半脑则尝试一些创新的处事方法，展现其丰富的想象力和横向思维能力，保持和灵敏的直觉关联。

> 本能直觉

本能直觉是最为普通的描述直觉的一种类型，是出于本能地进行的选择。

> 专业直觉

专业直觉是在相同的领域中进行一段时间的延伸工作后发展的一类直觉，有赖于你在某一特定领域中研究或工作时所获得的经历、知识和见解。

> 战略直觉

将过往经历中已知的事物与当前处境下所获得的信息结合在一起，并创造或想象出一个未来，这个未来很有可能是预计你将这两者结合时的瞬间洞察。

03- 数据统计分析

通过对大量不同人群的喜好进行细致调查，搜集和分析商业、人口、汽车费用、新技术等方面的背景资料，从而获取消费者的一手喜好和需求数据。在此基础上，进行统计和分析，得出对未来趋势的预测结果。同时，搜集历史数据，运用数理统计方法寻找不同时期流行元素发展的规律性。通过建立回归方程，对流行元素发展曲线进行拟合，以计算它们的发展趋势。

04- 时尚潮流统计图

时尚潮流统计图则是一种相对自由或者抽象的升级型图表，趋势预测可以绘制出潮流统计图，从视觉和结构上展示某种时尚潮流。它需要搜集国际流行信息和本土消费市场的情报数据，对消费者进行调查和跟踪，在了解消费者的消费习惯和对流行敏感度的基础上分析预测流行趋势。

时尚潮流统计图的构成要素是一种逻辑关系的体现，包括如下几个方面：

> 潮流的名称

给这个时尚潮流因中的潮流取个名称，通过名称展示这个潮流到底是什么。

> 潮流创造者

潮流创造者通常指这个时尚潮流统计图中潮流的创造者。潮流创造者往往拥有独创性的思维和观点，事实上他们也很少具有共同的视觉或审美特点。

> 潮流驱动力

通常指促使这个潮流出现的因素，也就是支撑你推断这个将会成为潮流的驱动力。一般至少有5个关键点描述导致这种时尚潮流产生的外部力量，而且这些关键点必须非常具有针对性，必须由事实、数据以及证实这些驱动力正确性的专家引语来支撑。

> 潮流影响力

通过横跨多个部门和行业的调研评估现阶段时尚潮流在社会中的影响，包括这个潮流的发源以及扩散范围和情况等，这些证据可以包括图书、报纸标题、包装小样、专家引语等。

> 潮流的后果

潮流的后果指促使这个潮流开始的时间和未来可能结束的时间，以此检查这种影响带来的短期和长期后果，思考它如何影响初期和晚期的大众。

> 潮流的未来

长远看这些变化对我们所生活的社会和文化圈的影响来预估潮流的未来，也可以是对一个社会、一个群体和一个产业未来的影响。

第四节 流行趋势研究的案例分析

本节导入时尚产品设计流程中的流行趋势研究案例进行具体化阐述，以让学习者了解流行趋势研究在实际的时尚产品设计工作中的重要性和实际应用。

以下分析"未来科技"主题的服饰品趋势调研案例。

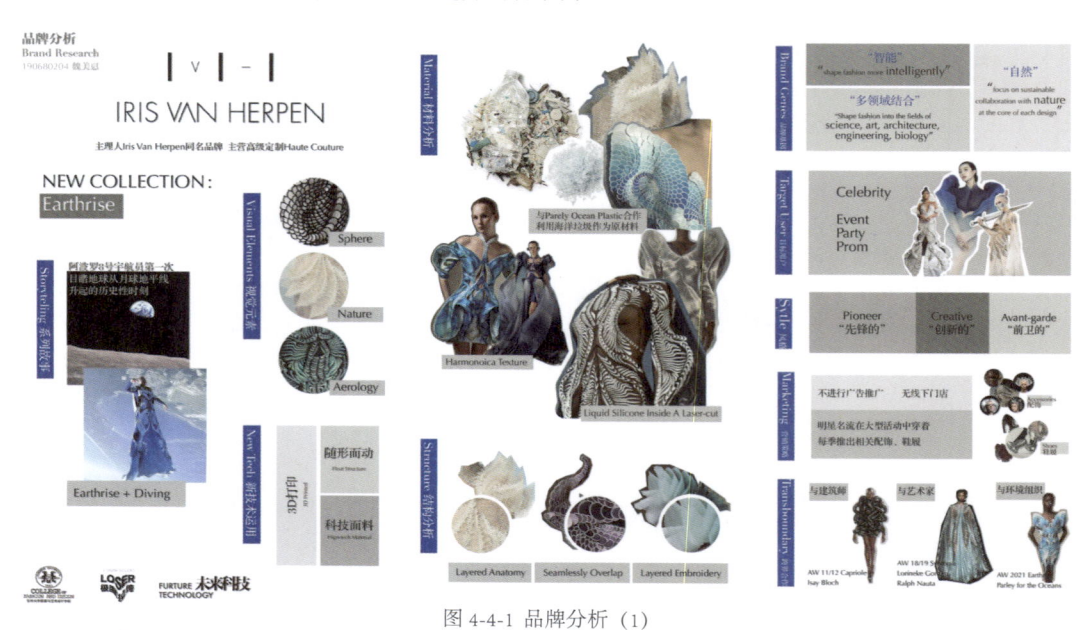

图 4-4-1 品牌分析（1）

图 4-4-2 品牌分析（2）

图 4-4-3 品牌分析（3）

图 4-4-4 品牌分析（4）

> 以"未来科技"为服饰设计流行趋势的宏观方向，从品牌基因、目标用户、风格、营销策略、视觉元素等方面出发调研不同科技感服饰设计品牌，分析与挖掘其背后的共性与演进趋势（图 4-4-1、图 4-4-2、图 4-4-3、图 4-4-4）。

图 4-4-5 "美丽新世界"趋势主题提出

> 围绕所提出的"美丽新世界"趋势背景主题,分别对关键色彩、关键材质、设计元素进行归纳与整合,使趋势的具体应用、呈现形式和发展动向鲜明起来(图 4-4-5～图 4-4-10)。

图 4-4-6 "美丽新世界"色彩趋势

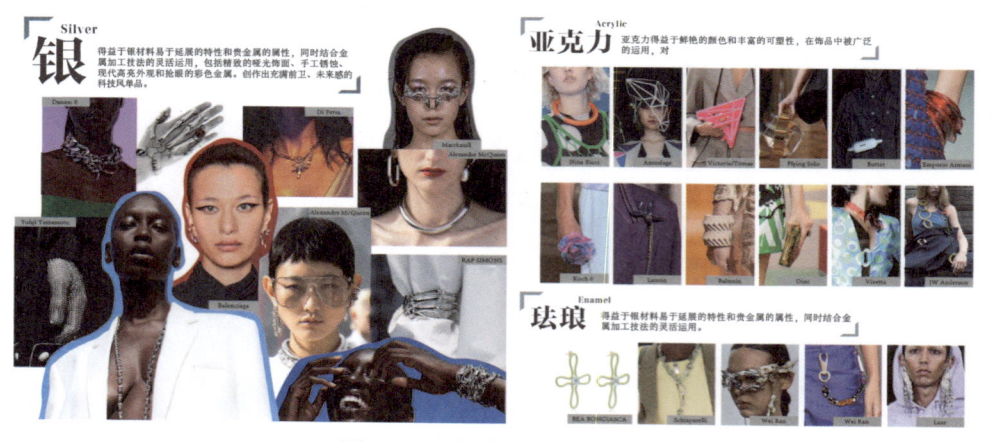

图 4-4-7 "美丽新世界"关键材料

时尚产品的流行趋势研究

虚拟滤镜 Virtual Filter

虚拟滤镜的出现很大程度上给人们的想象力提供更大的展现平台，通过虚拟的展现方法，配饰的概念得到延伸。在这种方式下，艺术家们不需要考虑实现成本，各式各样的形态得以展现。

图 4-4-8 "美丽新世界"关键要素（1）

仿生自然 Bionics Nature

人类对宇宙和其他物种的探索永不停歇，仿生形态作为人们对外星生物幻想的唯一一直在被探索设计的边界。在未来，人们运用高科技打造的想象世界会更加光怪陆离。

图 4-4-9 "美丽新世界"关键要素（2）

面部配饰 Face Decoration

镜框成为了设计众多设计的载体，面饰的造型也更具张力与想象力。虚拟的进步则打破了物理世界的常规，给予面饰无限的可能。

图 4-4-10 "美丽新世界"关键单品

-047-

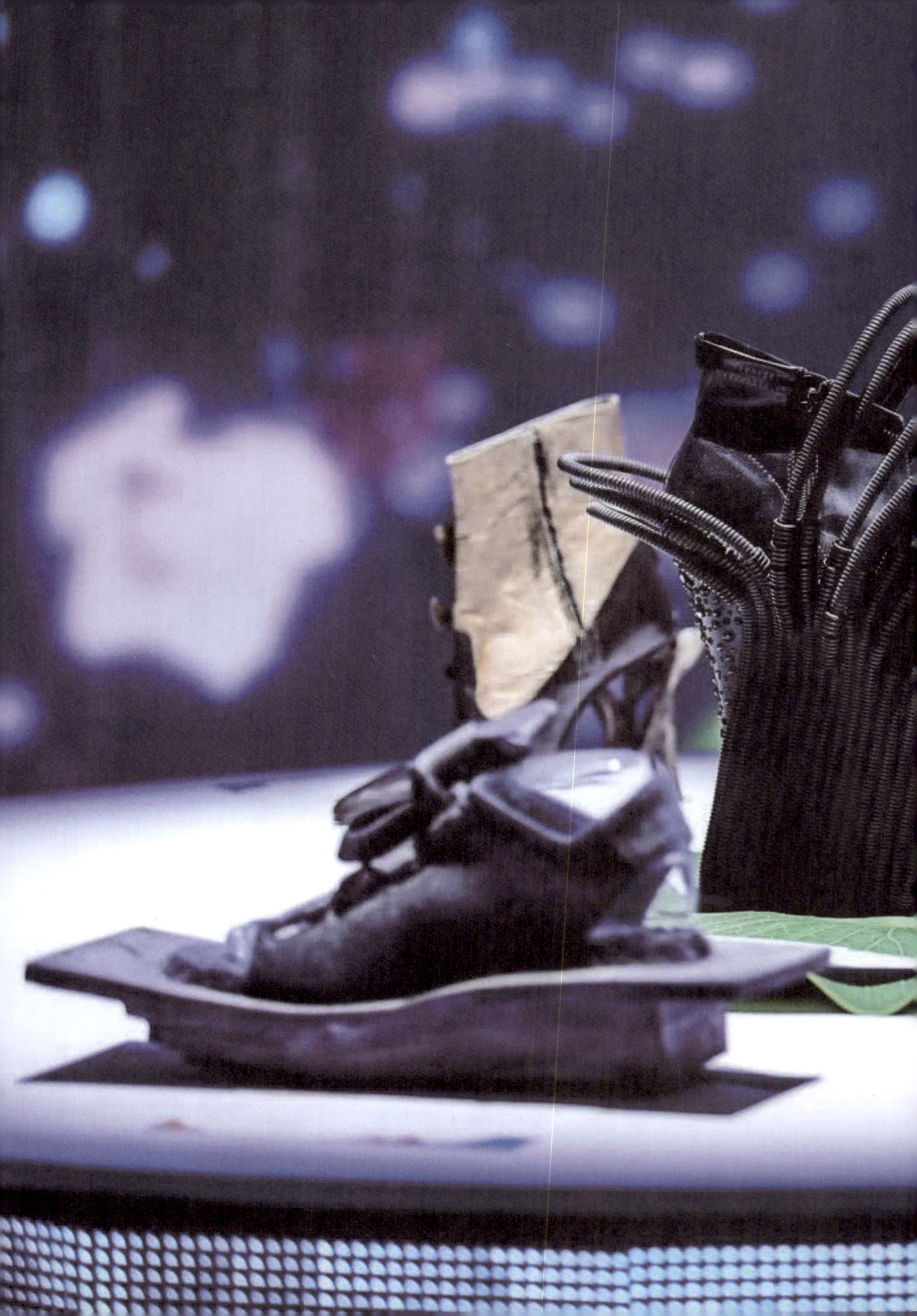

第五章 时尚产品的设计企划

　　时尚产品的设计企划，也就是常说的时尚产品的设计开发方案，是预先制定目标、对未来要发生的事所做的当前决定，也是通过有计划的方法、方案和规划实现目标愿望的路径，也是最终实现目标的过程。在制定设计企划前，少不了市场调研分析以确定未来的产品方向和市场竞争力，其次需要预测和整合流行趋势以确保产品的时尚性和前瞻性，最后设计师需要运用自己的创意和系统性整合技能，将市场需求和流行趋势转化为实际的设计企划。完整的设计企划往往包括灵感源、主题故事与视觉、企划文案、季节色彩的抓取、面辅料搭配的整合、廓形与款式细节的发展等系统概念的贯彻。总的来说，设计企划是实现时尚产品设计和开发的关键步骤，也是理性与感性两者交互形成的开发前的设计指导。

第一节 设计企划的三大目的

设计企划是实现时尚产品设计和开发的关键步骤，也是理性与感性两者交互形成的开发前的设计指导，本节介绍时尚产品设计企划的关键目的。

01- 瞄准开发目标

时尚设计企划的呈现基础常常需要综合市场数据和流行趋势信息，以协助设计师和开发人员了解产品开发的方向、确定设计因素。此外，时尚设计企划可以指导设计师确定目标市场和消费者，并支持制定营销策略和促销活动（图5-1-1）。

reminder

注意：
设计师需要考虑市场竞争情况以确定设计风格和品牌特色，以便与竞争对手区别开来。

时尚设计企划还有助于确定生产和销售成本，以确保设计的产品具有可持续性和竞争力。综上所述，时尚设计企划是一项重要的工作，可从市场和消费者的角度出发协助设计师确定设计方向和开发目标，以确保设计的产品能够满足市场需求。

图5-1-1 "藻"动计划背包设计开发目标

02- 奠定设计基调

在调研中，发现消费者更加偏好阅读情感抚慰类内容，并且关注以下四类关键词：
In the research, it was found that consumers prefer to read emotional soothing content and focus on the following four categories of keywords:

困境、坚持、加油、乐观、积极 等
传承、热爱、守护、探索、趣味 等
勇敢、灵感、绽放、向往、浪漫 等
真诚、呼吸、律动、野境、力量 等

56% 的消费者感受到了力量和自然高度相关、自我有被治愈以及极大程度上唤起了共鸣，期待更加美好的生活方式

56% of consumers feel empowered, highly connected to nature, have their egos healed and greatly resonate with the desire for a better way of life

图5-1-2 "藻"动计划企划设计基调

时尚产品的设计企划

图 5-1-3 以乡愁文化为设计基调的企划（作者：RM1707）

设计基调是产品设计的基础，包括产品的氛围版、风格和视觉效果等元素。设计师通过设计企划以确定设计基调，可以确保产品的设计与品牌形象一致，以满足消费者需求，并为后续设计风格的一致性和协调性做出指导。设计基调的奠定往往需要考虑产品的功能、目标消费者、市场需求和品牌形象等因素，以确保设计风格具有吸引力和可持续性。通过制定明确的设计基调，设计师能够为产品设计提供指导，确保产品在市场上具有竞争力和可持续性，同时有助于品牌形象的建立和维护（图5-1-2、图5-1-3）。

03- 规划产品系列

在设计企划中，规划产品系列是非常重要的一环。时尚产品系列架构的主要内容是要确定本季要开发的系列层次与种类有哪些。产品系列架构的确定对于后续设计工作的设计分工、加工商和供应商的选择以及营销的规划都具备指导作用。设计企划中，产品结构的规划需要综合考虑市场需求、设计风格、生产成本和工艺可行性等多方面因素，以确保设计产品具有良好的外观和功能性，同时还要具备可行的生产制造方案。

图 5-1-4 系列化箱包产品（作者：张艺涵）

第二节 设计企划的主要内容

时尚产品设计企划包含了设计师的创意、策略和决策，用于指导产品的开发和推广，使设计师能够系统性规划和指导时尚产品的开发和推广过程。本节讲述设计企划的主要内容。

01- 设计主题架构

时尚产品设计需要根据对时代特点、流行趋势、品牌诉求等信息的分析与判断，结合市场预测等信息，构架出本次设计开发的主题，如图 5-2-1 是以数字未来为方向的时尚拖鞋主题企划。

图 5-2-1 数字未来主题拖鞋的主题企划

主题可以是具体的物体，也可以是抽象概念。主题的确定通常由一个或者多个对设计师有启发作用的灵感源而来，可以是文字、图片、电影甚至音乐等任何能够给设计师灵感和联想的元素。艺术总监将总结成的文字的灵感源概念或图片提供给设计师，作为开展当季工作的依据。在同一主题下设计完成的产品除了具有形式上的统一性以外，在风格、设计感觉上也具有"神似"效果，这就是主题的作用（图 5-2-2）。

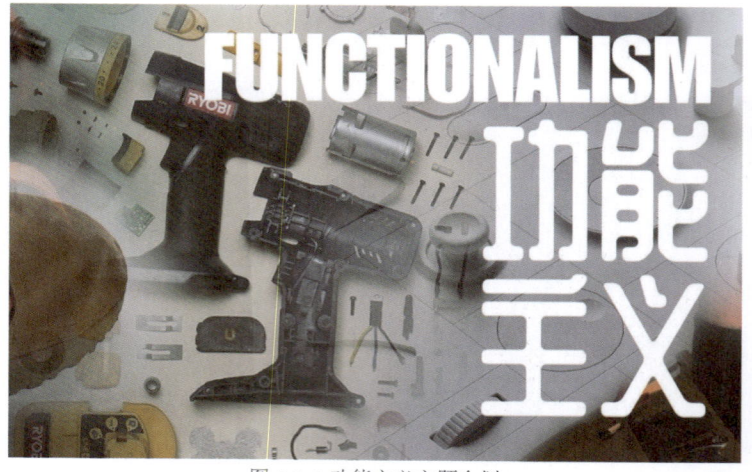

图 5-2-2 功能主义主题企划

02- 灵感图片搜集

灵感图片的搜集是解析主题最为形象的一种形式。我们根据主题形成的一些关键词，通过关键词形成对主题较为一致的共识，然后通过寻找、绘制、拍摄图片来表达对图主题的理解，使得主题更加形象化，借此形成设计中所需要的必要元素（图 5-2-3、图 5-2-4）。

图 5-2-3 灵感图片搜集（1）

设计师不应该单纯从时装杂志或别人设计师作品中抄袭，而是需要基于对灵感的深度挖掘，传递设计理念和思维。灵感可以从博物馆、美术馆、展览会、建筑、书籍、电影、街头文化或平凡生活中寻找。设计师需要有效整理并建立自己的素材库来源渠道，方便后续使用。

图 5-2-4 灵感图片搜集（2）

03- 主题色彩确定

主题色彩也是主题概念的体现形式之一，是时尚产品设计开发必不可少的内容。一方面，色彩能够体现品牌风格，区别季节产品的差异性；另一方面，产品开发前进行色彩架构对于设计师选择面料、辅料等也具有重要的指导作用（图 5-2-5）。

图 5-2-5 从灵感图中汲取的主题色彩

色彩架构的确定要参考专业机构的流行色预测、产品上市的季节、销售地区消费者的色彩偏好、本公司近年来的热销颜色、鞋履的搭配和穿着环境等要素。色彩架构要体现出当季产品每个上市阶段的色彩比例，这对于产品在卖场的展示具有良好的辅助作用，也能够促进销售。色彩架构包括色彩范围、色彩比例、色彩搭配以及色彩上市时间计划等内容（图5-2-6）。

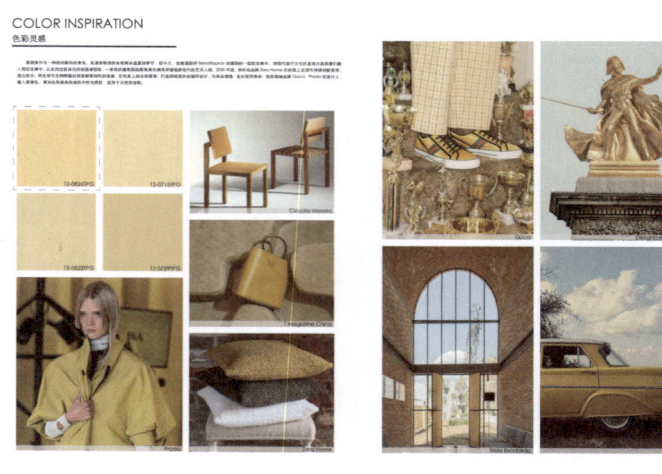

图 5-2-6 "梨膏黄"主题色彩架构

04- 设计元素选取

设计元素是时尚产品中的基础符号，也是其外在视觉最强烈的表现要点，通常在设计之前会通过对主题的解析来获取恰当的设计元素，并将设计元素转化成可视化的图片及关键词。如图 5-2-7、图 5-2-8 所示，在确定设计主题后，设计师需要针对主题内涵开展头脑风暴，并从中择选合适的设计元素进行衍生。

图 5-2-7 设计元素的构思（作者：张艺涵）

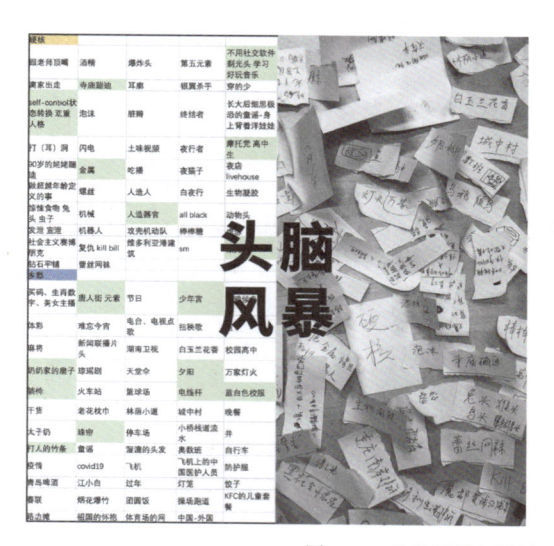

图 5-2-8 头脑风暴与设计元素精炼草图（作者：RM1707）

时尚产品的设计企划

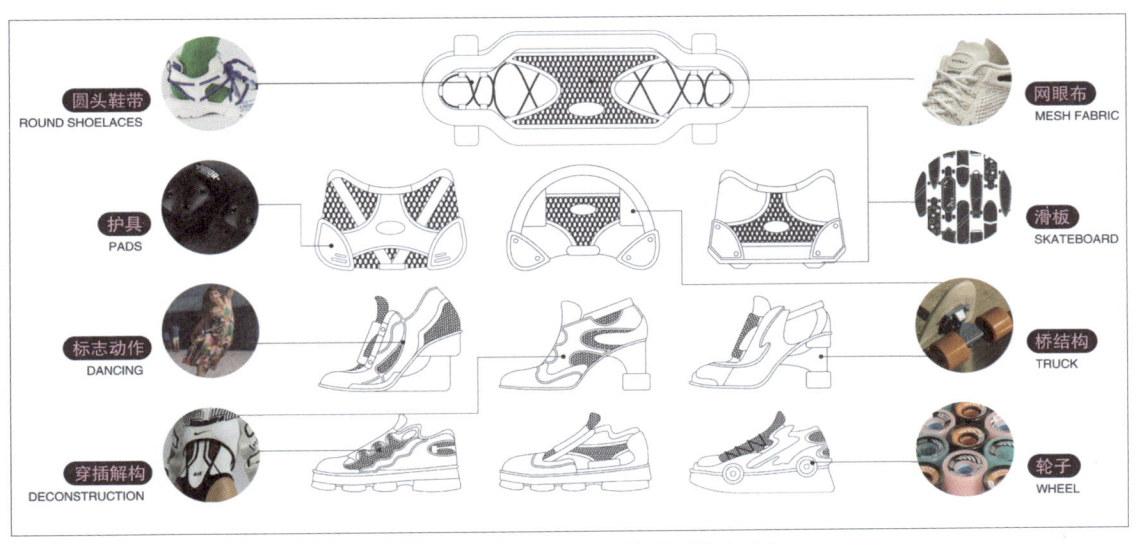

图 5-2-9 从滑板运动主题企划提炼的设计元素

设计元素的选取是从抽象到具象的过程，通过对主题意向的关键词梳理对应的找到视觉化图像，并提炼有共同意向图片的具体信息。设计元素的选取要根据趋势主题、目标客户等要素来进行综合筛选，设计元素的确定对于产品开发起着至关重要的作用，图 5-2-9 展示的是从滑板运动主题企划提炼的设计元素。

05- 系列产品数量

图 5-2-10 系列化的时尚鞋履设计（作者：袁鸿旻）

在设计企划中，需要综合考虑市场需求、目标受众、竞争情况和品牌定位等因素对产品的架构与系列数量进行具体规划。在规划系列数量时，需要考虑每款产品之间的关联性和完整性。系列产品应该在风格、色彩、材质等方面相互呼应，在设计主题之下形成一个整体的系列概念，这样才能有助于提升品牌的识别度和系列产品的销售潜力。系列数量规划需要综合考虑品牌定位、目标受众、市场需求和系列完整性等因素，确定你的产品风格的目标市场，通过市场调研的结果判断数量的具体规划。

-055-

第三节 设计企划的三种方法

本节将介绍几款常用的设计方法，以及如何灵活运用它们来支持时尚产品设计企划的生成，设计者应当运用合适的方法来开展有针对性的设计企划工作。

01- 情绪版

情绪版是设计研究的图形化总结，也是设计思路的表达方法。它能够帮助确定设计主题基调，使设计师更好表达与传递主题内涵，是向客户、设计团队阐述设计概念的高效沟通工具；同时基调版也启发着设计师进一步的设计开发，它为设计师提供框架，是创作开始前针对创作目标进行方向探索与启发灵感的工具，能够辅助设计师快速构建风格氛围、主题观点理念、配色、质感等。

情绪版通常要引领后续整个创作过程，因此对其的设计要求也是相当高的，许多设计师在主题明确后需要花费较多时间进行搜集、比较、筛选与讨论，最终确定概念版的图片。

图 5-3-1 "多元民族"主题企划概念版

情绪版的主要类型：

（1）概念版

往往以单独一张图片呈现，可以是多张图合成的形式，但必须能够很清楚地传递出设计主题的灵感来源、设计构思以及一系列整体氛围，需要具有绝对的代表性。图片的视觉内容要足够直观与整体，避免不必要的视觉干扰。另外概念版图片要给观看者提供一定的想象空间，因此设计师在设计时不能以太过直白的形式表现设计内容，可以应用抽象的表现形式对时尚产品设计内涵进行表达（图 5-3-1）。

（2）色彩版

色彩版展示了基于设计提案下的色彩与质感趋向。它的呈现形式往往是主题氛围下相关图片的集合，这部分图片需要展示主题色彩的来源，明确主题的主要用色，因此色彩版一般由两部分组成：一部分为色彩灵感图片，另一部分为

图 5-3-2 "多彩人生"主题企划色彩版

色标,有时候也会有一些色彩所对应的质感材料进行氛围感的辅助表达。如图 5-3-2,"多彩人生"主题企划色彩版中,设计师通过不同的人体肤色作为配色方案,表达人与人之间互相包容、互相支撑、共同组成人类命运共同体的概念。

(3)材料版与细节版

和主题材料与细节质感表现的灵感图集合,在这类型灵感版中,往往展示整个系列的总体面辅料风格,为后续设计的用料和细节元素做铺垫。如图 5-3-3,通过炫彩石、贝壳、串珠等辅料元素,支撑"数字假日"主题企划的整体风格呈现。

图 5-3-3 "数字假日"主题企划细节版

-057-

02- 创意手册

创意手册是时尚产品设计研究一项重要的表现方法，用来记录来自报纸、杂志、电视、书籍、博物馆、美术馆、街头等目光所及的所有地方带来的新鲜、有趣的思考（图5-3-4～5-3-6）。

它是一种对灵感元素的收集和罗列，不一定是设计师们经过缜密的思考，细心的筛选组合以及精心的创作，而是为后期积累设计素材和灵感，并将其应用到具体的时尚产品设计中去的前期铺垫，也可以是指导设计师进行产品开发和生产的一种工具（图5-3-7）。

图 5-3-4 创意手册中收集的"老式信箱"元素

图 5-3-5 创意手册收集的"霉"元素

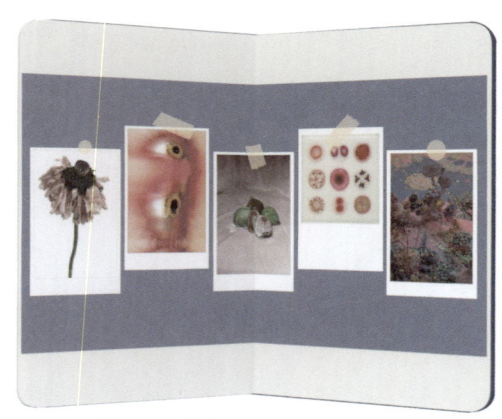

图 5-3-6 创意手册展现灵感思维

> 创意手册的主要功能：
（1）帮助记录所观察的内容
（2）收集日后设计参考和素材
（3）激发创意设计灵感
（4）记录设计构思过程

实体的创意手册也没有具体的尺寸大小要求，但是尺寸最好不要太大，便于携带即可；媒体类可以应用电子备忘录等方式，因为我们随时要记录那些一闪而过的创意概念，形成自己的"灵感库"。

图 5-3-7 创意手册中收集的激光工艺呈现形式（作者：王瑾瑜）

03- 数字化研究

随着计算机的普及，越来越多的人使用数字化设计方式进行设计实践，设计研究更加方便，更多的软件让我们轻松便捷地创建图形库，建立数字样本库。

一般情况下，我们会对熟悉的环境，包括周围的图案、色彩、材料视而不见，而数字化研究将让我们时刻记得多留意周围环境的元素。通过数字化的形式整编素材，便于查找和使用相关灵感来源。

> 数字化研究的主要类型：

(1) 数字图形库

通过将自己拍摄的图形和从现存出版物上扫描的图形集合成一个图形库（图 5-3-8），方便将灵感素材有效整理在一起，需要考虑合理使用光线，并确保分辨率。比如在其他出版物上看到了喜欢的图像，请尽量用扫描的形式将图像保存下来，而且所有来源于外界的图像资料都只允许个人使用，不能用于出版，否则会侵犯知识产权。

(2) 数字样本库

数字样本库是有规律将某一个类别的图形素材集合在一起的研究形式，这个类别可以是事件，也可以是材料类别，还可以是色彩、图案等其他你所习惯的分类方式。不论用哪种方式，都可以和其他灵感性素材一样，很方便将样品整理好。我们拍摄的照片图形载入电脑后就要修剪图形以突出肌理或表面效果。图 5-3-9 展示的是通过数字化程序提炼设计要素的过程。

图 5-3-8 图形的采集与整理（作者：薛凯文）

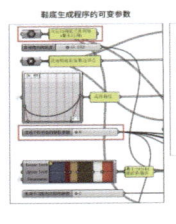

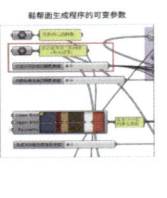

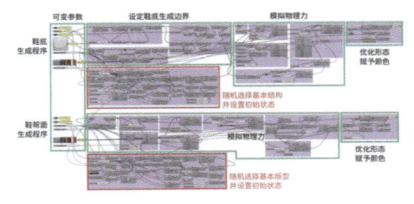

图 5-3-9 数字化方法提取核心要素（作者：苗雨鑫）

第四节 设计企划的案例分析

通过深入研究和分析真实的时尚产品设计企划案例，以更好理解和应用相关的理论知识。本节提供精心挑选的案例，以深入剖析设计企划在实际项目中的应用，揭示背后的思考过程和决策逻辑。

图 5-4-1 "松竹林里"企划主题图

图 5-4-1 展示的是"松竹林里"时尚鞋履设计企划的主题图，图 5-4-2 展示的是设计师通过灵感图片的选取，将松竹、建筑等元素拼贴成情绪版，清晰传递出新中式美学的整体氛围与设计方向，同时也将后续设计中的必要元素与色彩进行提炼。

图 5-4-2 "松竹林里"情绪版

市场分析
MARKET ANALYSIS

图 5-4-3 行业动向及前景趋势分析

图 5-4-3 展示的是针对该主题企划的市场分析，通过多个灵感事件对新中式风格的行业发展动向支撑背景进行分析与判断，体现了该企划的合理性与商业前景。图 5-4-4 中展示了三个内容，首先针对后续产品开发风格与所应用材质等因素，对该企划的产品目标受众人群进行了划定，并在图（左）展示了用户的画像；其次，分析提出了针对后续开发产品合理的上市波段，并根据未来流行趋势选用符合上市季节的流行色；最后，构思了未来产品推广与陈列方式，提供商业化营销策略。

产品定位
PRODUCT POSITIONING

图 5-4-4 产品定位与后续推广计划

时尚产品的设计企划

-061-

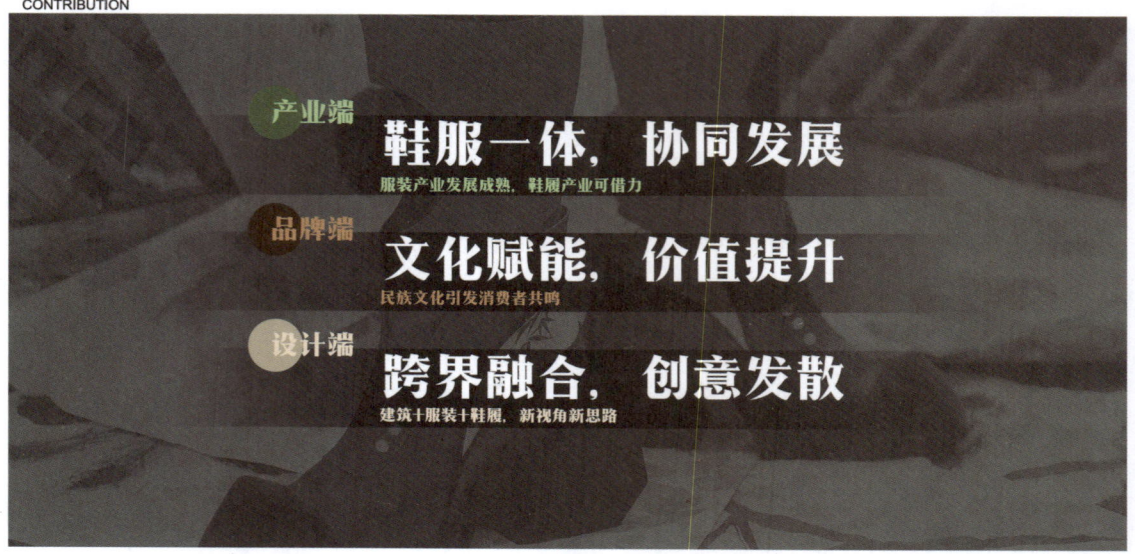

设计意义
CONTRIBUTION

产业端 鞋服一体，协同发展
服装产业发展成熟，鞋履产业可借力

品牌端 文化赋能，价值提升
民族文化引发消费者共鸣

设计端 跨界融合，创意发散
建筑+服装+鞋履，新视角新思路

图 5-4-5 从产业端、品牌端到设计端的设计开发意义

图 5-4-5 针对产品开发的意义与价值从产业端、品牌端到设计端进行了分析；图 5-4-6 中，展示了情绪版中主题色彩色号，并对灵感来源里汉服、徽派建筑、松、竹等元素进行细化的提炼，为后续设计提供明确方向与切实可行的参考。

创作思路
DESIGN PROCESS

徽派建筑屋檐　　汉服门襟与中山领　　水墨松竹、拱门　　装饰绳扣与玉石

Pantone 18-0125 TCX
Pantone 19-5918 TCX
Pantone 18-4008 TCX
Pantone 18-1340 TCX
Pantone 17-6009 TCX
Pantone 17-1310 TCX
Pantone 14-1014 TCX
Pantone 19-0712 TCX

从改良汉服、徽派建筑、松、竹中提炼出设计元素，将传统汉服与中山装的门襟、腰带、纽扣造型应用到鞋面的不同部分，鞋底造型则主要从建筑中提取设计元素，将具有中国文化特质的玉石作为装饰。
三款鞋履主色分别为米白、黑灰、米棕，点缀色为橄榄绿与松石绿。

图 5-4-6 主题色彩色号与设计元素

时尚产品的设计企划 5

图 5-4-7 产品方案

图 5-4-7 展示的是依据企划创作思路所规划的产品方案,将图中右侧多要素进行抽象融合的再设计,使最后产品的设计呈现与企划整体逻辑统一;图 5-4-8 展示了最后产品的实物,并按照情绪版风格进行大片拍摄,以竹叶的树影、园林拱门等为衬景呼应主题氛围。

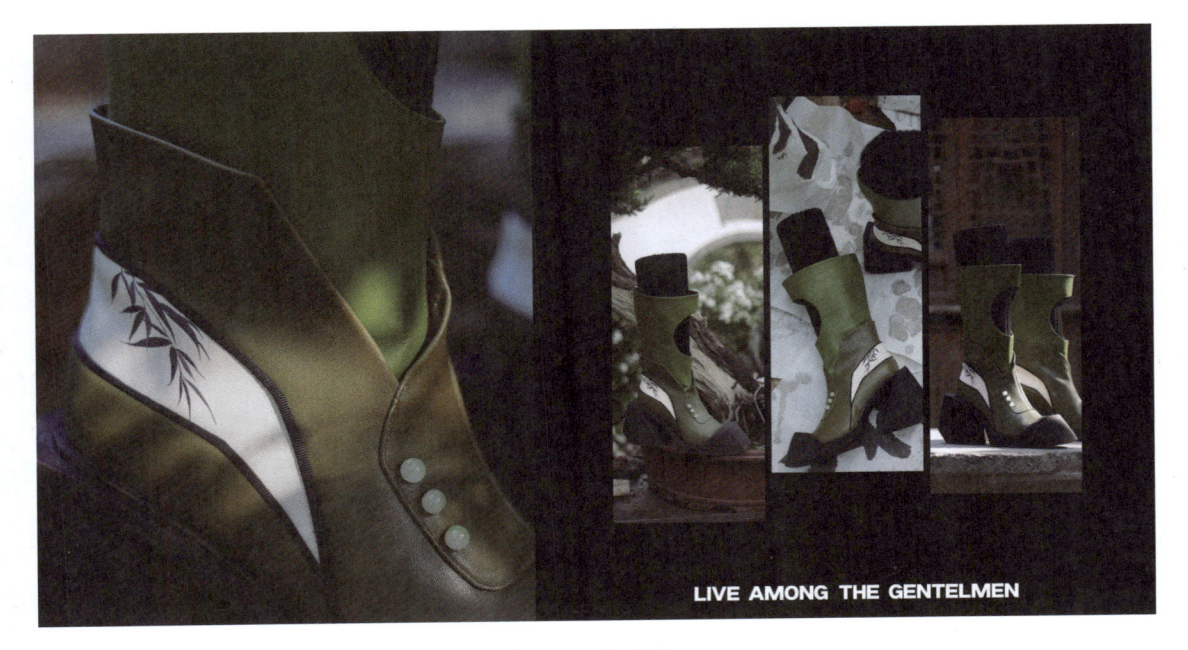

图 5-4-8 产品呈现

-063-

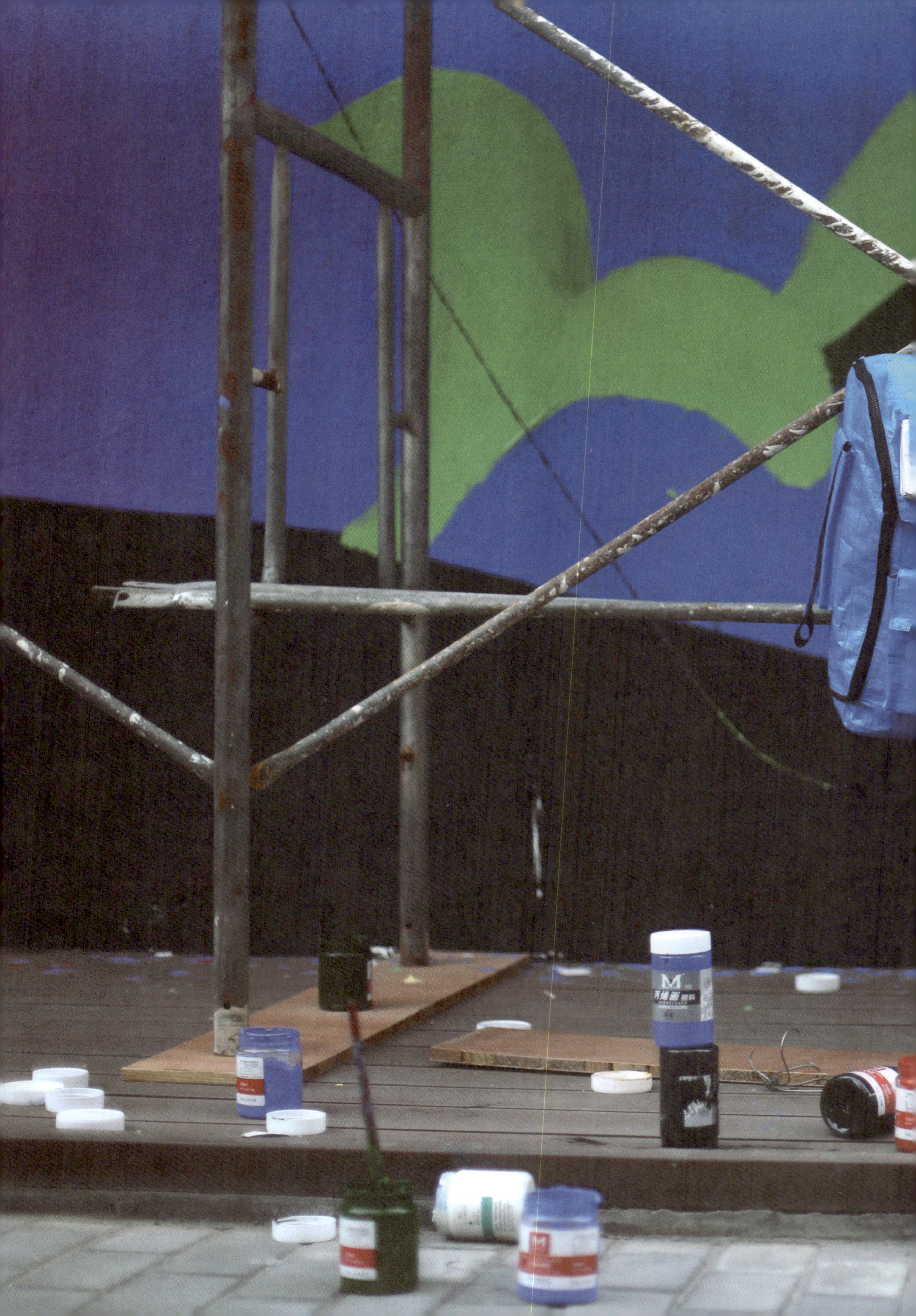
M
丙烯画

第六章 时尚产品的设计构思

　　设计构思是创作过程中关键和整体性的思维活动。从时尚产品的角度来讲，其核心在于将前期获得的参考素材巧妙应用于图形表现，并将这些图形转化为设计的实际呈现。这一过程需要设计者在审美和创新的双重引导下，通过综合考量形状、线条、色彩、比例等要素，有机融合和转换这些参考素材，以达到独特、引人注目的设计效果。通过设计构思，设计者能够将抽象的概念与具体的设计元素相结合，为时尚产品赋予深度和独特的视觉形态，从而引发观众的情感共鸣，并彰显出时尚产品的独特魅力与创新价值。

第一节 设计构思的目的

设计构思在时尚产品设计中起着至关重要的作用。它引导创造性思维、转化概念、融合要素、激发情感共鸣，以推动创新与差异化。通过有效的设计构思，设计师能够创造出具有独特性、创新性和影响力的满足用户需求的时尚产品，并在激烈的市场竞争中脱颖而出。

01- 创造性思维引导

设计构思在创作过程中发挥着关键的引导作用。通过深入设计主题，激发设计师的创造性思维，鼓励他们通过独特的观察、洞察和联想来发掘新颖的设计语言和解决方案。

02- 概念转化与表达

设计构思帮助将抽象的概念转化为具体的设计元素和表达形式。它促使设计师将企划中的思想、情感和主题转化为可视化的图形语言，即提炼出相应的表现性元素与形态，并将其进行实践性的转换。在这个阶段需要综合形状、线条、色彩、比例等多个要素，并在设计过程中将它们有机融合和转换，以创造出贴合企划主题、独特且协调的设计效果（图6-1-1）。

03- 增强情感共鸣

通过精心构思的设计元素和表达形式，能够引发用户的情感体验，从而增强产品的吸引力和与目标受众之间的联系，产生对设计作品的情感连接和共鸣。

04- 创新与差异化

设计构思阶段是实现创新和差异化的关键环节，这一阶段鼓励设计师在创作中挑战传统观念和传统设计形式，推动设计的前沿发展，并为时尚产品外观及功能进行创新。

图 6-1-1 概念性可穿戴设计构思（作者：苗雨鑫）

第二节 设计构思的内容

这一阶段的重点在于实施构思,并思考如何从概念、功能、材料、细节和工艺等方面全面地应用于时尚产品设计中。设计开发必须具备前后衔接、自然顺畅的特点,能够分析设计概念并将其延伸到实际设计中。这一过程不仅有助于设计者在实践中深化和完善设计构思,还为作品集的呈现提供了重要的支持和丰富的内容。

01- 廓形的设计

时尚产品中的廓形设计是指在一个时尚产品系列中所呈现的基本造型特征和形态要素。廓形的提炼是设计过程中的重要环节,为设计师提供了一个明确的视觉方向和设计框架。如图 6-2-1,展现了鞋靴的基本廓形。

这些形态要素可能包括产品的整体线条、曲面、比例关系以及结构等方面的特征,从而形成一种独特的视觉语言和辨识度,这些要素还涉及外部叠加后的视觉轮廓和细节的处理。设计师在廓形设计的基础上,通过添加细节、剪裁、装饰等方式,对产品的外部轮廓进行进一步的塑造。因此,在特定的主题下开发好的廓形,也是为产品增加创新的视觉记忆点(图 6-2-2,图 6-2-3)。

图 6-2-1 鞋靴的基本廓形汇总

图 6-2-2 飞机廓形的背包设计(作者:潘钰)

图 6-2-3 骨骼造型的鞋履设计(作者:应昊霖)

02- 功能的设计

人们购买时尚产品时都有一定的目的，如果时尚产品设计能够在一开始就满足并挖掘顾客对功能的需求，就会大大增加销售的数量以及用户的满意度，特别是对于功能性要求更高的时尚产品类型，如鞋履的保健功能、箱包的容纳功能等。

> 实用功能

时尚产品在设计构思中需要注重实用功能的考虑。这包括产品的基本功能、便利性、耐用性等。设计师需要理解产品的使用场景和目的，并以此为基础确定产品的功能性要求。以时尚产品品类中的鞋履设计为例，舒适性、匹配性，就是鞋履的最基本的使用价值，在此基础上需要考虑到鞋防寒护足、保温散热、适应环境、适应特定人群的工作条件、适应相关人群的生活方式、适应制定年龄和职业的要求等。如图 6-2-4 所示的时尚按摩鞋，将针对脚底穴位按摩的功能融合进时尚鞋履中，大幅度提升了产品的功能价值。

图 6-2-5 提炼黎族纹样的水晶样旗设计（作者：郭歌）

图 6-2-4 时尚按摩鞋（作者：徐成锐）

> 符号功能

符号功能是指时尚产品作为一种文化、身份和个性差异的方式。设计师需要思考产品所要传达的信息和价值观，并通过设计构思表现出来。这可以包括品牌的形象定位、民族或风俗特点、群体性的表达、文化符号的运用等。通过符号功能设计，时尚产品能够与消费者建立情感连接，满足他们对个性和社会认同的需求。如图 6-2-5 所示的水晶样旗，通过提炼黎族文化中的吉祥美好寓意的符号元素进行设计创新，赋予其符号功能。

> 经济功能

不仅要美观，时尚产品也要在制造、材料选择和成本控制等方面有所考虑。设计师需要在构思过程中思考材料的选择与合理利用、生产工艺的优化、成本控制和可持续发展等方面的设计决策，在实现经济效益的同时确保产品的品质和性能。此外，通过采用知识产权联名、名人同款、限量设计、理念植入等方法提升产品附加值，使时尚产品能够在市场竞争中脱颖而出，实现经济效益的最大化（图 6-2-6）。

图 6-2-6 名人穿戴的时尚联名鞋履设计

03- 材料与工艺的设计

现代制造技术的不断成熟，使得同样的造型图案用不同工艺或材料可以呈现出完全不同的视觉效果，其工艺优劣也直接影响时尚产品的品质，同时也给设计师提出了更高的挑战。

设计师需要全面了解材料的特性、质感与相关的加工工艺，以及与主题和视觉呈现的协调性。通过挑选适合品牌形象与设计理念的材料，进行巧妙运用和组合，能够为产品带来独特的触感和视觉效果，以打破常规市场，提高产品竞争力（图6-2-7～图6-2-9）。此外，设计师也要在辅料于细节上下功夫，这些细节的处理与选择直接影响产品的整体质感和独特性。

图 6-2-7 3D 打印的参数化设计鞋履（邓世峻）

作为引领潮流的时尚产品设计，不仅要在流行概念与设计上为企业与设计师提供可靠有效的信息，还要提供可以配合设计的面料方面的配套工艺与供应商来源，增强设计的可操作性与落地性，将创意和概念转化为实际的产品，避免设计流于形式与表面。同时，也能够更好控制成本和质量，加快产品开发的进程，提高反应速度，以适应快速变化的市场需求。

图 6-2-8 创新咖啡渣皮革（嘉珂新材）

图 6-2-9 施华洛世奇水晶样旗设计

04- 配色的设计

配色的设计涉及到颜色的选择、组合和运用，以达到视觉上的吸引力和情感共鸣。在时尚产品中起着突出的作用，可以为产品增添个性、表达主题，并与目标受众建立情感联系。

图6-2-11 童趣色彩的鞋履配色（作者：李晓琴）

首先，配色设计需要明确时尚产品所要传达的风格和情感。不同颜色可以传递不同的情绪和感知，因此设计师需要明确产品定位和所要表达的主题，以选择与之相符的色彩方案。例如，自然韵律的绿色调可以营造出静谧、可持续的氛围，而明亮活泼的绿色调则可以传递出童趣、活力的感觉（图6-2-10、6-2-11）。

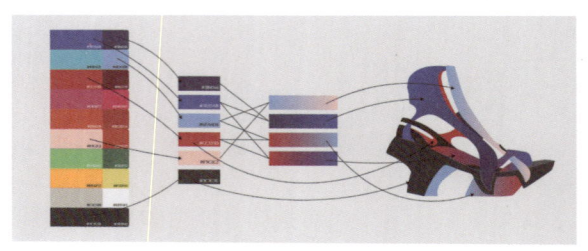

图6-2-12 鞋履配色过程（作者：徐成锐）

图6-2-10 以海藻为主题的可持续包袋配色
（作者：FPIS-GREEN）

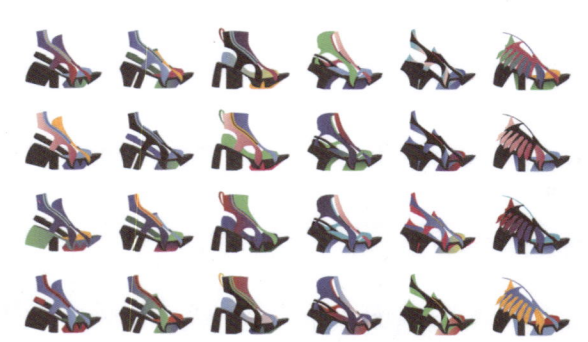

图6-2-13 配色的组合和对比（作者：徐成锐）

其次，配色设计需要考虑颜色的组合和对比（图6-2-12、图6-2-13）。设计师可以运用色彩理论、色彩搭配原则等工具来选择和组合颜色，获得视觉上的和谐与平衡。常见的配色方式包括对比色、类似色、补色等配色，设计师通过合理的颜色组合，可以突出产品的特定元素、强调层次感和创造视觉冲击力。

此外，配色设计还需要考虑产品的使用场景和目标受众。不同的场合和不同的消费群体对颜色的偏好和接受程度有所差异。最后，配色设计需要在整体构思中与其他设计要素相协调，颜色在时尚产品中与廓形设计、细节设计等密切相关，相互影响和补充。设计师需要综合考虑不同设计要素之间的关系，以实现整体的和谐与统一。

05- 系列化构思

时尚产品的系列化构思涉及产品系列的整体一致性、风格延续性和多样性的平衡，要求设计师在不同产品中保持一致的设计语言和风格，通过统一的色彩调性、图案元素、剪裁方式作为纽带将产品进行串联。如图6-2-14中，运用山峦的形态、皮革的配色来实现系列化的统一；而图6-2-15中，设计师则是运用相同的元素进行设计串联。

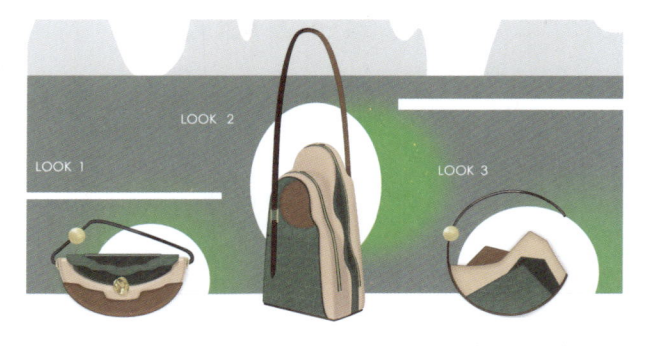

图 6-2-14 "游山观石"系列化包袋设计（作者：李子瑜）

图 6-2-15 以眼睛为元素的系列化包袋设计（作者：许馨云）

对于产品系列构思的最高境界就是像组建了一个大家庭，家庭中成员都因基因和遗传有着神似的观感体现，但个体之间又存在差异，因此也要求设计师在保持一致性的同时注入一定的多样性，通过变化和创新，为系列中的每个产品赋予独特的特点和个性。如图6-2-16的运动鞋履系列，对廓形、细节与配色的组合进行再设计，使不同款式稳定保持在同一风格体系内。

图 6-2-16 同一系列的运动鞋设计（作者：邵笑）

系列设计的构思方法很多，仅单纯通过一个要素的统一来形成系列会显得较为机械，最佳的状态是通过多种元素的变化和统一形成系列，才能使系列产品看起来更加生动、协调且有层次（图 6-2-17）。

图 6-2-17 "西部遐想"系列箱包与配件设计（作者：黄敏）

第三节 设计构思的方法

设计构思的方法很多，包括细节分离法、快速演变构思法、立构法、轮廓体量变化法、拼贴法、2D 到 3D 转化法，这些方法并非孤立存在，设计师在实际的设计过程中往往会综合运用多种方法。根据项目需求和个人风格，设计师可以选择适合的方法或将它们灵活结合。

01- 细节分离法

细节分离法是一种要求着眼于灵感图中的某个部分或细节进行独立思考和设计，然后再将它们整合在一起形成完整设计方案的方法。当你看到某个灵感图，也许看到了一些东西但并不能确定如何从中提取灵感，又或许图形本身和设计研究没有直接的关系，这时不要看大图，采用细节分离的方法选用其中的某个细节能激发出你的设计灵感，也可以帮助设计师关联、关注并开始更为有效的设计构思。图 6-3-1 展示的是细节分离法所需要的材料。

图 6-3-2 准备好时尚产品的基本廓形

② 将该廓形复制多张，或在一张 A4 纸上重复多个同样的廓形以便做构思尝试，如图 6-3-3。

图 6-3-3 复制时尚产品的基本廓形到一张纸上

图 6-3-1 细节分离法所需要的材料：纸、笔、灵感图片、黑卡纸、剪刀或裁纸刀等

图 6-3-4 剪出几何图形做成模板放在灵感图上

细节分离法的操作步骤：

（1）按模板分离细节
① 在 A4 纸上画出时尚产品的基本廓形（鞋履的楦型或是箱包和帽饰的基本外轮廓线型），如图 6-3-2。

③ 在黑卡纸上切出几何形的洞作为模板，把模板放在选择好的灵感图形上，留下的部分就是你需要深入思考的图形，如图 6-3-4。

时尚产品的设计构思

④在第一个廓形上仔细临摹洞口内的图形。
⑤把这个局部进一步变形，按照构思将其余部分延伸画完。

⑤大量绘制草图，并选择合适的概念局部进行变形，并深化结构、比例，最后填充材质和色彩等细节，如图6-3-8。

图6-3-5 在第一个廓形上临摹黑卡纸上透出的图形

（2）按廓形分离细节
①在A4纸上画出时尚产品的基本廓形。

图6-3-6 在黑卡纸上剪出时尚产品轮廓放在灵感图上

②将该廓形复制多张，或在一张A4纸上重复多个同样的廓形以便做构思尝试。

③在黑卡纸上切出时尚产品（鞋、包、帽）的廓形作为模板，把模板放在选择好的灵感图形上，留下的部分就是你需要深入思考的图形，如图6-3-6。

④在第一个廓形上仔细临摹黑卡纸上透出的图形，如图6-3-7。

图6-3-7 在第一个廓形上临摹黑卡纸上透出的图形

图6-3-8 大量绘制后选择合适的概念局部变形深入完成

02- 快速演变构思法

这种方法注重快速思考和迅速提炼设计构思。设计师可以通过快速的草图、手绘或数字化绘图等方式，迅速表达和演化自己的设计想法。这种方法强调创意的迅速生成和灵活调整，帮助设计师在较短时间内产生多样化的设计构思。

图 6-3-9 是快速演变构思法的所需材料，包括：纸、笔、灵感图片。

图 6-3-9 快速演变构思法的所需材料

③ 选择好进行快速构思的灵感图形，如图 6-3-12。

④ 在第一个基本廓形上完整地画出灵感图形。试着不要根据廓形的形状做调整，尽可能把细节画完整。为了获得最佳效果，一定要更快速、流畅地徒手画，如图 6-3-13。

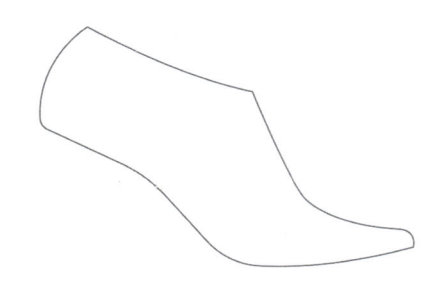

图 6-3-10 准备好时尚产品基本廓形

快速演变构思法的操作步骤：

① 在 A4 纸上画出时尚产品的基本廓形，如图 6-3-10。
② 将该廓形复制多张，或在一张 A4 纸上重复多个同样的廓形以便做构思尝试，如图 6-3-11。

图 6-3-12 准备好灵感图

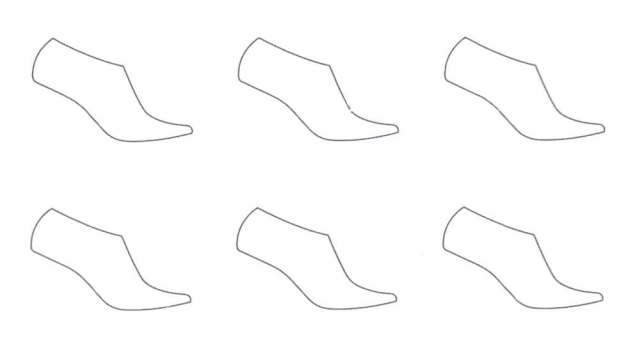

图 6-3-11 复制廓形

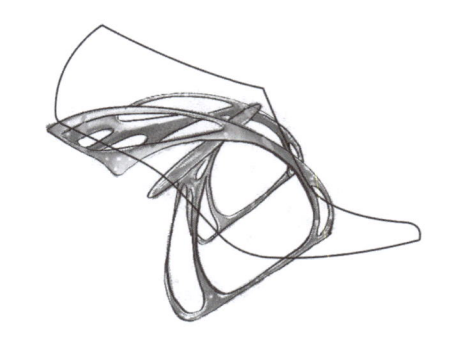

图 6-3-13 在第一个基本廓形上完整地画出灵感图形

⑤ 把参考图形拿开。仅从第一张图中找灵感，在第三个廓形上继续绘制，但是这次要画得更加符合时尚产品的形象。

⑥ 依次在第三、第四、第五、第六张图形中分别做出各种变化，到最后一张图形时达到和第一张图形没有什么联系的程度为佳。

⑦ 整个过程再重复5遍，每张运用不同的创意思路，总共完成36个以上的初步构思，如图6-3-14。

⑧ 在所有初步构思的草图里挑选最喜欢的几张，进行进一步深入，最后填充材质和色彩，如图6-3-15、图6-3-16。

图6-3-14 根据上述灵感快速绘制多个设计想法

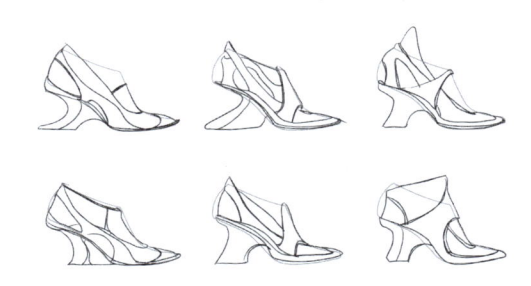

图6-3-15 挑选最好的方案进行深入

图6-3-16 深入细节后填充材质与色彩

03- 立构法

　　立构法具有生动有趣的特点，能够摆脱传统二维思维模式，并为时尚产品设计带来与众不同的构思。尤其在鞋帽设计中，立构法发挥着重要作用。通过运用鞋楦和头模等三维模型来提供支撑和塑形功能，设计师可以更好地将设计理念与真实的立体形态相契合。此过程也能激发出新颖的外观和轮廓，帮助设计师找到更佳的方式将想法转化为实体产品。立体裁剪是在服装上常用的手法，这种方式也同样适合于一些其他类别的时尚产品，比如在制鞋上，在鞋楦上直接操作即可，你甚至可以用手头上的任何东西覆盖在鞋楦上，如金属线、紧身裤、糖纸或其他等，所用材料最好与主题接近。

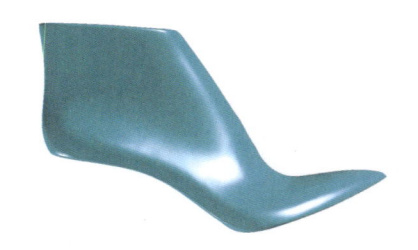

图 6-3-17 准备好三维模型

图 6-3-18 用装饰材料进行立体装饰拍照，并修图后打印到 A4 纸上

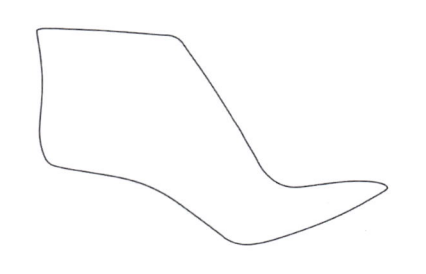

图 6-3-19 在 A4 纸上画出三维模型的基本廓形

　　立构法所需材料，包括：三维模型（图 6-3-17）、胶带、立构装饰材料、纸。

　　立构法的操作步骤：

　　① 用挑选出来的材料在三维模型上进行立构装饰并拍照打印。

　　② 重复数次，把 6 张照片修图后打印在 A4 纸上（图 6-1-18）。

　　③ 在 A4 纸上画出三维模型的基本廓形（图 6-3-19）。

　　④ 将该廓形复制多张，或在一张 A4 纸上重复上一步的廓形，形成一张 A4 纸上有多个同样的廓形（图 6-3-20）。

时尚产品的设计构思

⑤ 选择一个做了立构效果的三维模型（图 6-3-21）。

⑥ 从上面的效果入手，在纸上的第一个廓形上尽可能准确地描绘出你看到的效果，尽量徒手快速流畅地表现。

⑦ 收起参考的立构效果，仅从上一张绘制的效果中找灵感，在第二个廓形上继续绘制，但是这次要画得更加适合、符合时尚产品的形象（图 6-3-22）。

⑧ 依次在第三、第四、第五、第六张图形中分别做出各种变化，到最后一张图形时达到和第一张图形没有什么联系的程度为佳（图 6-3-23）。

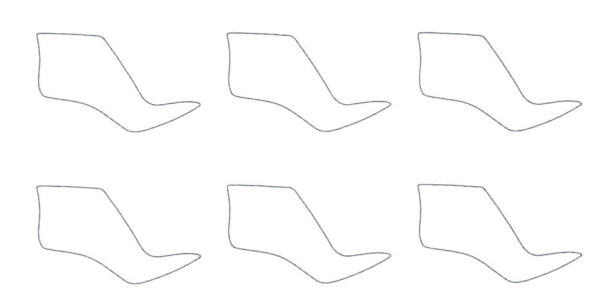

图 6-3-20 复制三维模型的基本模型在一张纸上

图 6-3-21 选出较为满意的立体构造效果

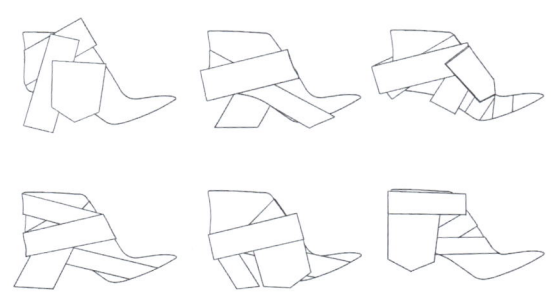

图 6-3-22 用徒手快速表现立体构造效果

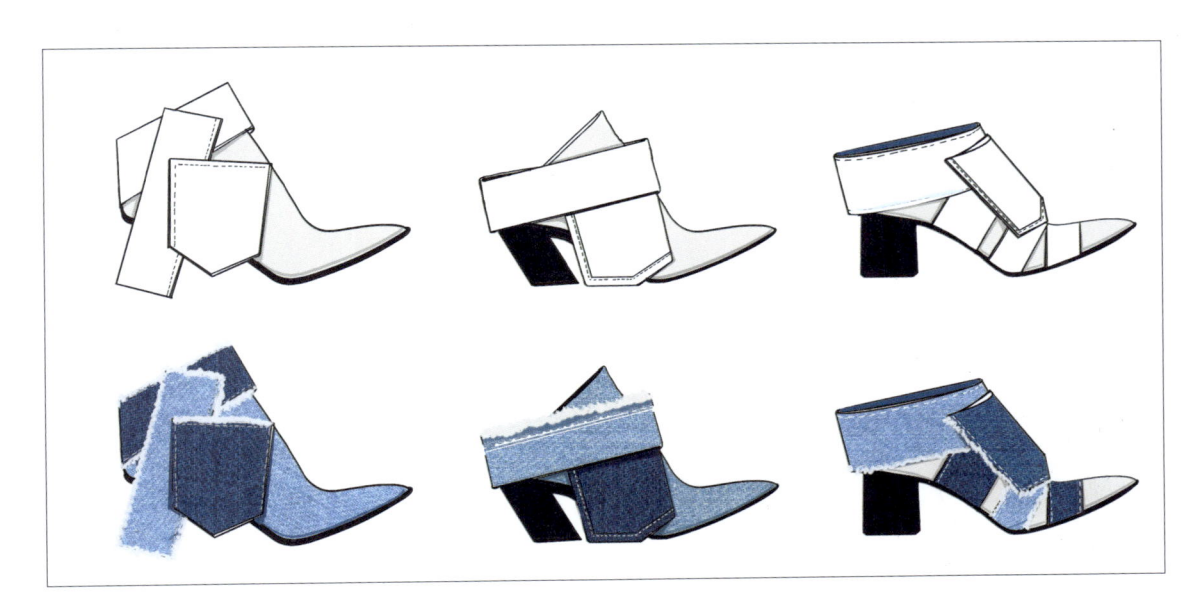

图 6-3-23 多次尝试并深入设计

04- 轮廓体量变化法

轮廓体量变化法是一种常用于时尚产品设计的构思方法，其通过改变产品的轮廓和体量来达到视觉上的变化和效果。该方法着重考虑产品的外部形态和轮廓线条，以创造出独特、动感和富有层次感的设计。该方法是通过增加或减少产品的曲线、角度、体积和厚度等实现对产品的轮廓线和体量进行调整和变化，改变产品的整体外观和尺寸。

图 6-3-24 轮廓体量变化法所需材料

图 6-3-24 展现的是轮廓体量变化法所需要准备好的材料，包括：笔、纸、剪刀、胶带等。轮廓体量变化法的操作步骤：

①挑选 1～2 张意向风格轮廓的灵感图片（图 6-3-25）。

②通过在图片上进行勾画，临摹出灵感图片的外轮廓形态，也可以用计算机软件直接生成轮廓（图 6-3-26、图 6-3-27）。

③在 A4 纸上画出时尚产品的基本廓形（如果是鞋子就画楦型，如果是箱包和帽饰就画基本的外轮廓线）。

图 6-3-25 选择意象风格轮廓的灵感图

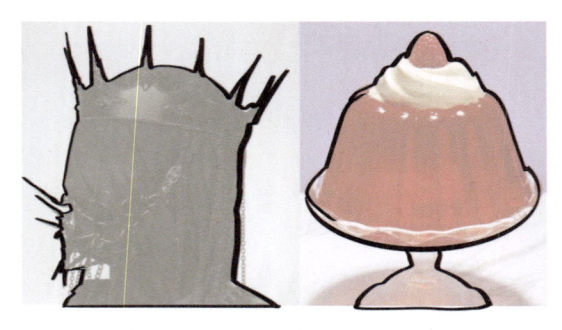

图 6-3-26 对图片外轮廓进行勾画

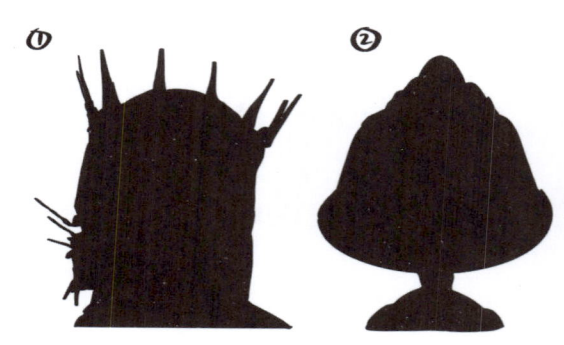

图 6-3-27 生成轮廓 1（左）和轮廓 2（右）

④将该廓形复制多张，或在一张 A4 纸上重复上一步的廓形形成一张 A4 纸上有多个同样的廓形以便做构思尝试。

⑤观察描摹后的图形，以这个形状为基础开发新构思，利用这个轮廓先加以延伸得到新的造型，也可以试着把轮廓线上下颠倒或左右翻转，赋予它新的生机（图 6-3-28、图 6-3-29）。

⑥发挥创造性并结合设计研究中得来的设计构思创作新作品，然后进一步拓展这些构思。

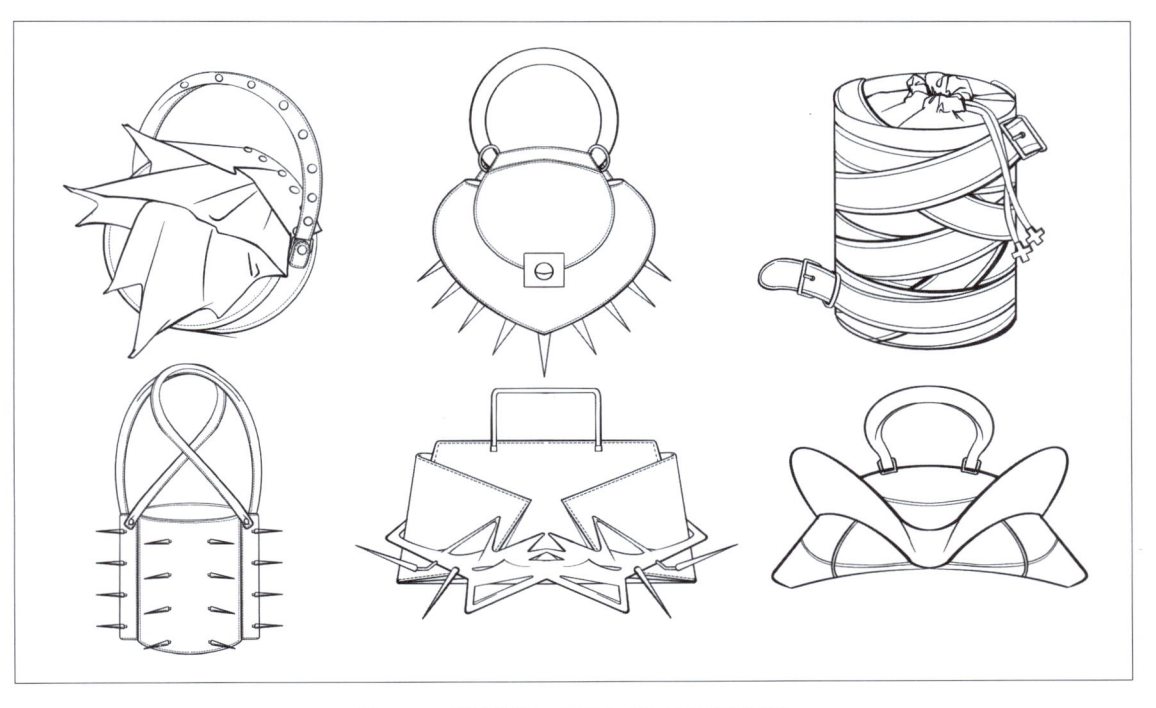

图 6-3-28 通过轮廓 1 快速生成的包袋构思尝试

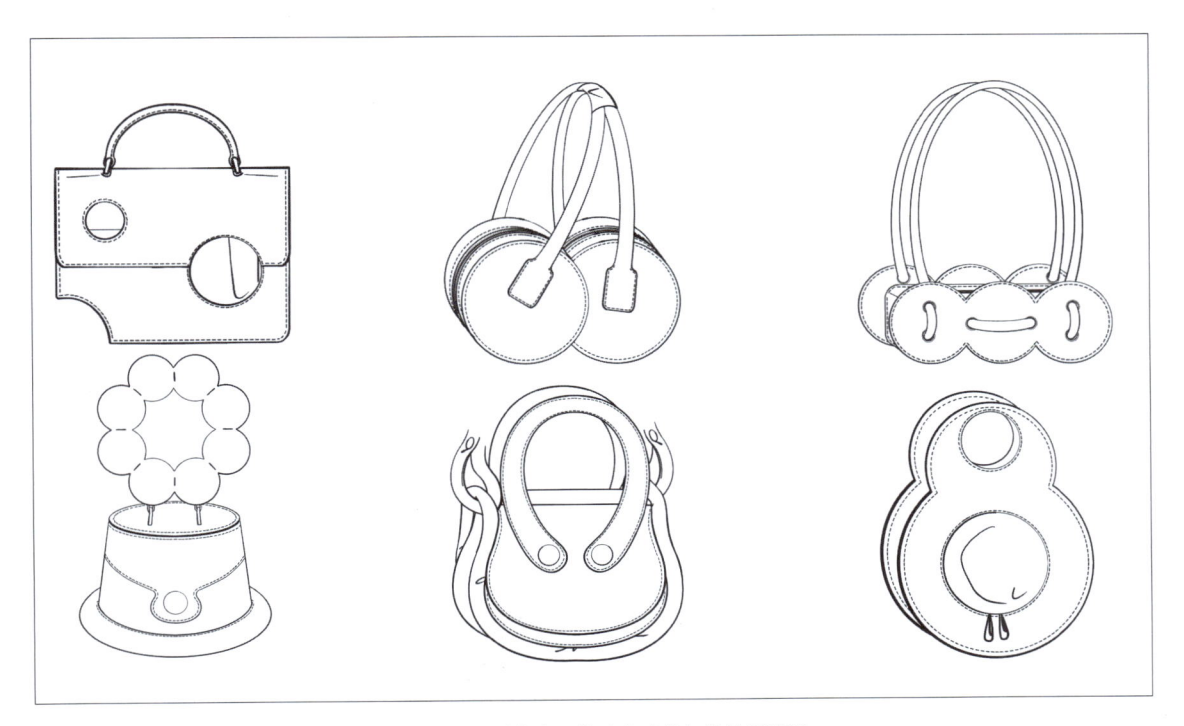

图 6-3-29 通过轮廓 2 快速生成的包袋构思尝试

05- 拼贴法

拼贴法是一种具有趣味性的创意方法，这种方法鼓励设计师打破常规思维，通过将图形元素以非常规的方式组合，获得生动而有趣的视觉效果，为作品的创作增添活力。这种方法能够在设计开发的初期阶段发挥重要作用，通过选取设计研究中的图形元素进行拼贴，创造出既新颖又熟悉的新图形。此外，设计师还可以利用扫描技术保留这些拼贴效果，进一步加强作品的表现效果。拼贴法的优势在于它能够激发创意，推动设计师突破传统的限制。

图6-3-30是拼贴法所需要准备的材料，包括：取自设计研究或杂志的灵感图片、剪刀、胶水、胶带、笔、纸。

图 6-3-30 拼贴法所需材料

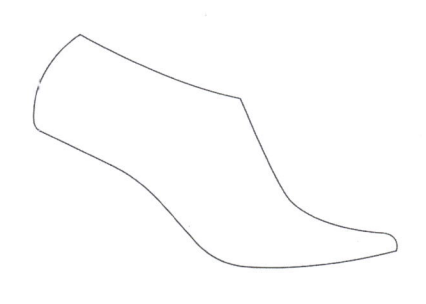

图 6-3-31 准备好时尚产品的基本廓形

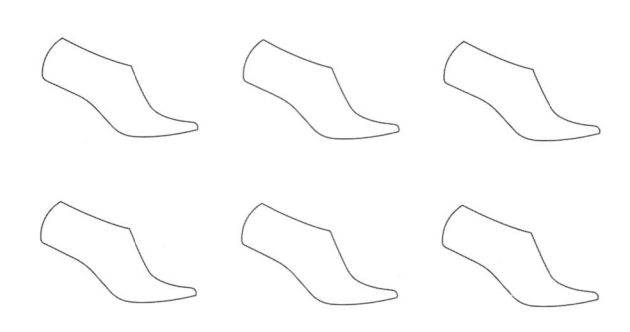

图 6-3-32 复制时尚产品的基本廓形到一张纸上

拼贴法的操作步骤：

① 在A4纸上画出时尚产品的基本廓形，如果是鞋子就画鞋楦，如果是箱包和帽饰就画基本的外轮廓线型（图6-3-31）。

② 将该廓形复制多张，或在一张A4纸上重复多个同样的廓形以便做构思尝试（图6-3-32）。

图 6-3-33 准备好的灵感图形

时尚产品的设计构思

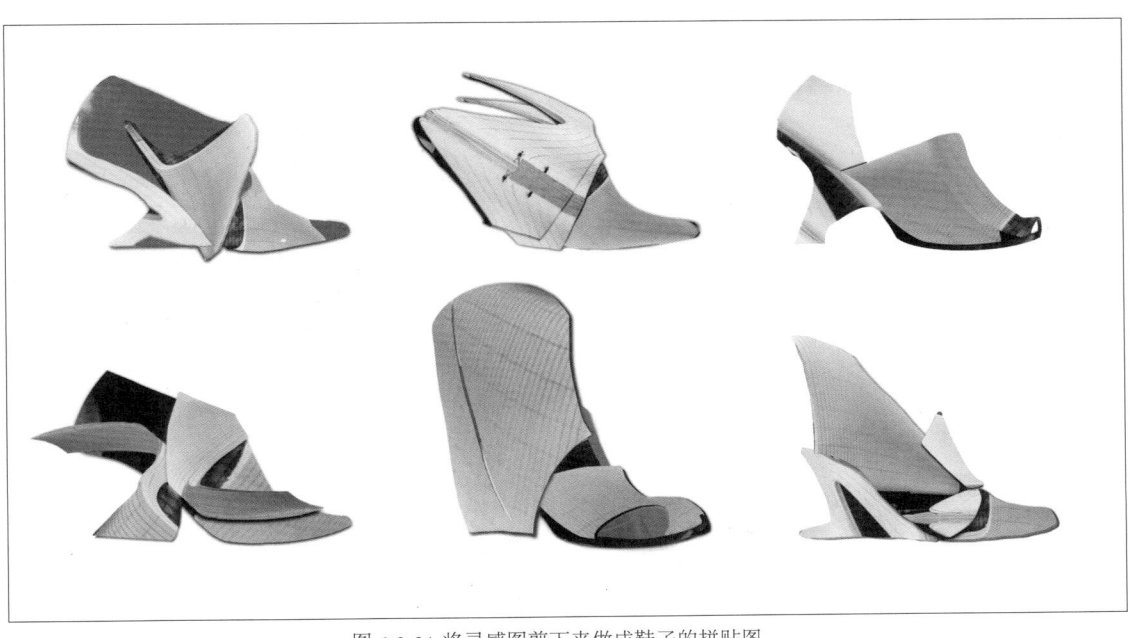

图 6-3-34 将灵感图剪下来做成鞋子的拼贴图

③选择与主题有关的图形(最好不是时尚产品本身)。选用人物的、织物的、建筑的或机械的参考图形，剪下来做成鞋的拼贴图（图 6-3-33、图 6-3-34）。

④用笔重新描绘拼贴图，并创造性地进一步拓展这些构思（图 6-3-35）。

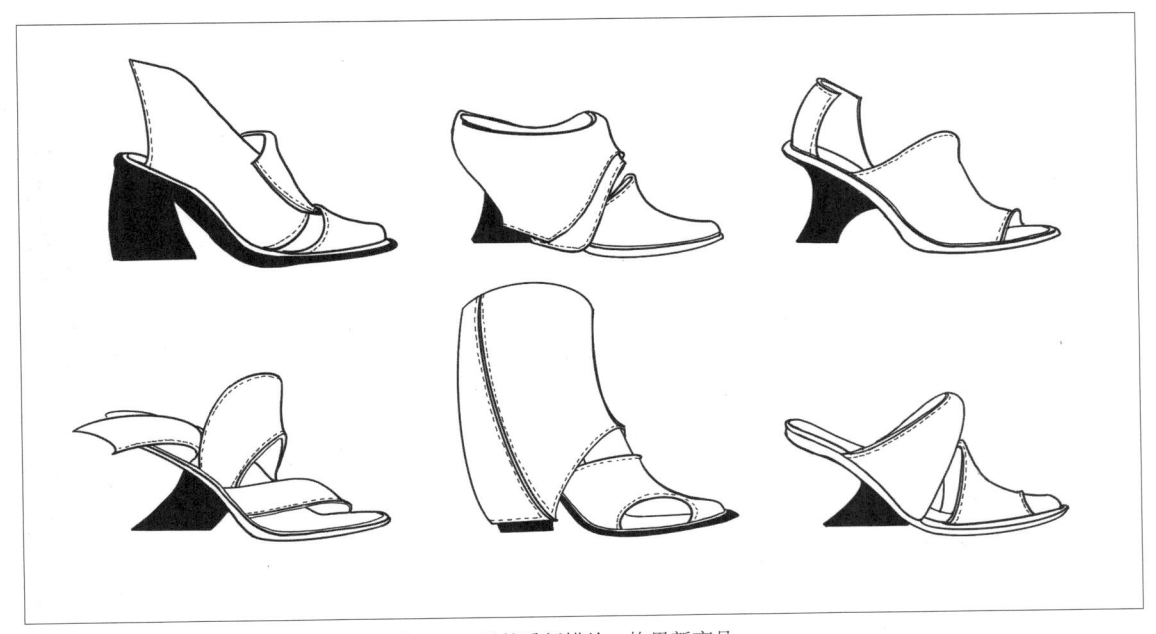

图 6-3-35 用笔重新描绘，构思新产品

06- 2D 到 3D 转化法

这个方法是在立构法基础上，通过 2D ~ 3D 的转换而形成的一种有趣的方法。对时尚产品而言，设计稿大多是二维的，而时尚产品大多是三维的，2D 到 3D 的转换可以帮助设计师在设计构思的过程中便利的进行平面和立体之间的思维转换。

图 6-3-36 展示的是拼贴法所需的材料，包括三维模型、胶带、纸、笔、配件、剪刀或美工刀。

图 6-3-36 拼贴法所需材料

2D 到 3D 转化法的操作步骤：

① 从画好的图中筛选出设计稿。

② 用吸塑机吸塑鞋楦形成楦壳模型，或运用纸胶带粘贴覆盖三维模型（图 6-3-37）。

③ 在吸塑好的三维模型上或是被覆盖纸胶带的三维模型上画出设计稿（图 6-3-38）。在这个过程中需要控制合理的比例，并将平面设计转化到三维模型上（图 6-3-39）。

图 6-3-37 吸塑楦壳

图 6-3-38 在三维模型上绘制设计稿

图 6-3-39 按照合理比例进行绘制

时尚产品的设计构思

④ 对三维模型上的设计进行修改与调整（图 6-3-40）。

⑤ 用相关配件直接在三位模型上完成设计（图 6-3-41），并多角度观察与调整（图 6-3-42）。

⑥ 回到最初的设计图，查看三维实现后是否需要改动，如果有不合适的地方可以及时在平面设计图中做出调整，完成细节与配色（图 6-3-43）。

图 6-3-40 调整三维模型上的设计

图 6-3-41 在楦壳上完成设计

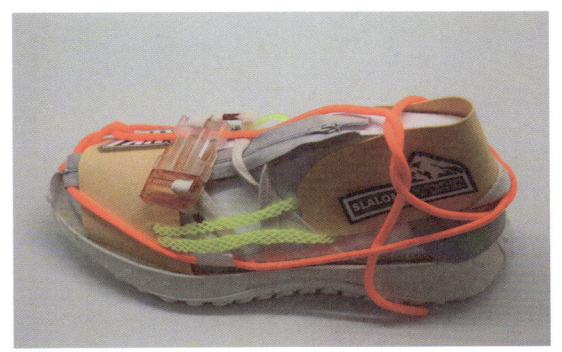

图 6-3-42 多角度观察和调整

图 6-3-43 完成细节和配色

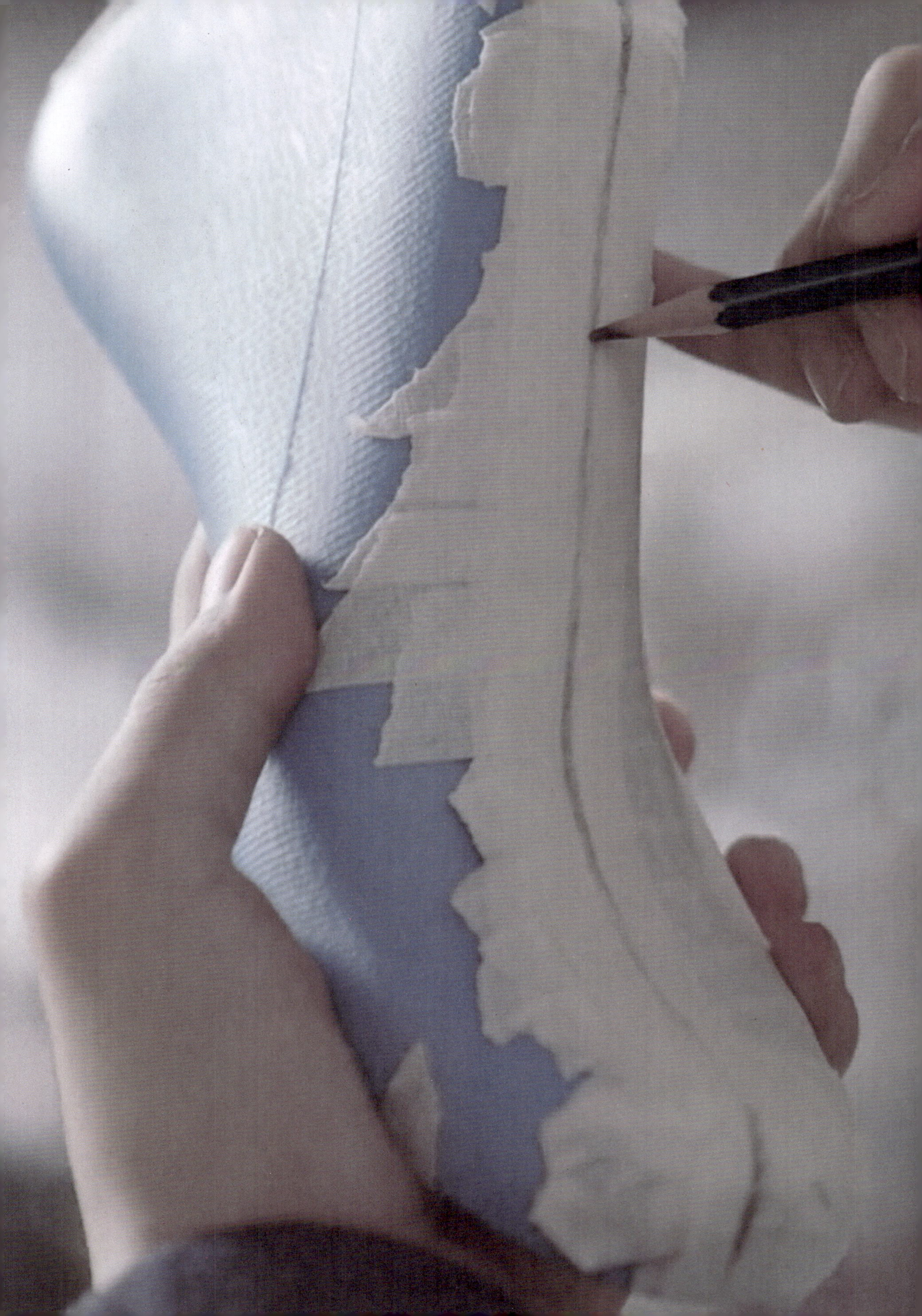

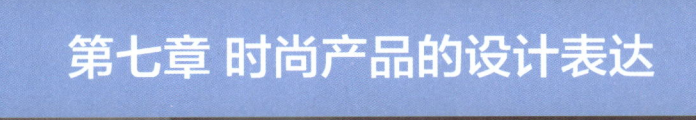

第七章 时尚产品的设计表达

时尚产品设计表达在整个设计过程中具有重要的地位和功能，它不仅仅是单纯传达设计师的创意、想法，更是产品探索与推进过程的重要环节。优秀的设计表达能够强化时尚产品的核心理念和激发消费者的情感共鸣，提升产品的吸引力。

第一节 设计表达的基本内容

时尚产品的设计表现是设计过程中的关键环节，旨在将设计师的创意、理念和情感通过多种方式传递给消费者和企业团队。本小结讲述时尚产品设计表达的基本内容。

01- 设计图解

设计图解的目的是清晰、集中传递设计理念，展示最终时尚产品设计方案及相关要素。设计师首先要考虑主题的思想内涵，其次要突出设计的主体物，再次需要打造独特视觉，找到一个符合三者合一的完美表现形式，这样才能将时尚设计中所要表达的内容完整传递给读者（图7-1-1）。

图7-1-1 充满想象空间的时尚产品设计图解（作者：张艺涵）

设计图解上的常规内容：

（1）设计方案：最终的设计效果图和常规参赛系列时尚产品设计方案，由3~5款产品设计组成。
（2）作品名称：一般需要给设计作品取一个和主题关联的名字，最好能贴近最终设计的关键要素，但是又有一定的想象空间且蕴藏一定的文化内涵。
（3）灵感来源：通过少量图片表示最终鞋履设计方案中的灵感参考。
（4）设计说明文字：简单叙述设计的背景、创新点等信息，以便阅读者能快速了解设计师的构思。
（5）色彩和材料图片：该组鞋履设计方案用到的色彩，可以只是颜色的提炼，也可以精准到色号、色彩名称（图7-1-2）。

7 时尚产品的设计表达

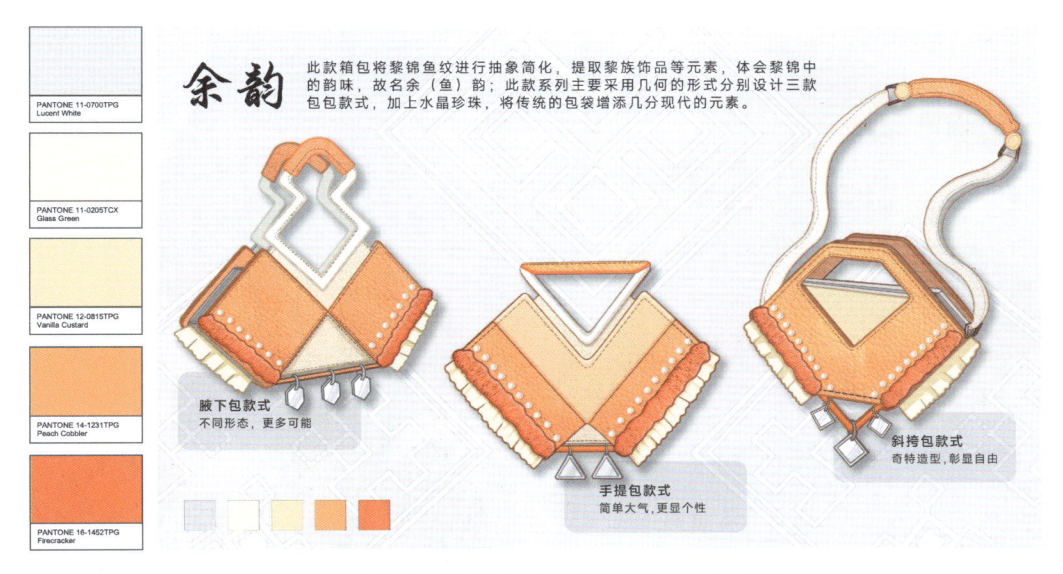

图7-1-2 图解中对设计配色进行简单说明（作者：郭歌）

> 注重主题氛围的表达

一方面，主题氛围常常通过叠加氛围背景图、统一色彩调性、调整字体设计和添加辅助细节来进行塑造。另一方面，也可以通过版面的空间层次、主次关系、视觉秩序及彼此间逻辑条理性的把握来达到。但是不论使用何种形式，都必须符合主题的思想内容，这是版面设计的前提（图7-1-3）。

> 凸显设计主体物

版面设计的核心是时尚产品的设计方案，按照主次关系的顺序，放大设计主体成为视觉中心，或将需要编排的信息按照均等的关系来进行有序的整体编排，也可以利用图片前后的空间关系或者色彩的搭配来进行呈现（图7-1-4）。

图7-1-3 通过色彩与辅助细节强化主题氛围
（作者：潘钰）

图7-1-4 凸显设计主体的表达
（作者：邵笑）

> 打造独特视觉

除产品本身具有的吸引力外，通过对图解版面的巧妙编排和配置，可营造出一种妙不可言的空间环境。在很多情况下，平淡无奇的图片经过巧妙的组织后，能产生独特创新的视觉效果。

02- 时尚产品大片

时尚产品大片是一种以高质量的摄影作品展示时尚产品设计的方式。它旨在通过精心构图、灯光控制和后期处理等技术手段，突出产品的特性与主题。制作时尚产品大片是为了提升产品的可视性、吸引力和传达效果，以确保设计理念得到理解和认可，并实现品牌的营销和推广目标。

>选址和场景布置：选择适合产品的拍摄地点并进行置景。可以是室内或室外环境，例如城市街道、自然风景或建筑背景。场景布置需要考虑构图、色彩、元素以及视觉层次，以营造出与产品风格和形象相匹配的氛围（图7-1-6、图7-1-7）。

图7-1-6 以自然生态为主题的时尚产品大片选址（作者：FPIS-green）

图7-1-5 创意构思的鞋履大片（作者：魏美惠）

时尚产品大片的拍摄通常需要注意以下要点：

>视觉概念和创意构思

这部分需要透过市场和目标受众的不同来确定所要表达的情感、风格和故事性，以及选择合适的场景和背景。为了激发灵感，设计师可以参考时尚杂志、艺术作品、电影、音乐等资料，制定视觉构图和风格指导（图7-1-5）。

图7-1-7 以休闲运动为主题的时尚产品大片选址（作者：汪思源）

7

时尚产品的设计表达

>灯光和色彩运用：灯光是时尚产品大片拍摄中至关重要的元素之一，通过巧妙的灯光设置和运用，可以突出产品的细节、质感和轮廓。色光的加持也能增强整体的视觉效果和情感表达（图7-1-8）。

图7-1-8 呼应整体设计基调的色光运用

（作者：林婧怡）

>造型和配饰：模特服装、化妆和发型等方面的选择和设计。设计师和时尚团队需要确保造型与产品相互呼应，展现出时尚感和与品牌形象一致的风格（图7-1-9）。

图7-1-9 展现花朵主题的造型与道具

（作者：安海瑞、丁宇璐、李子瑜）

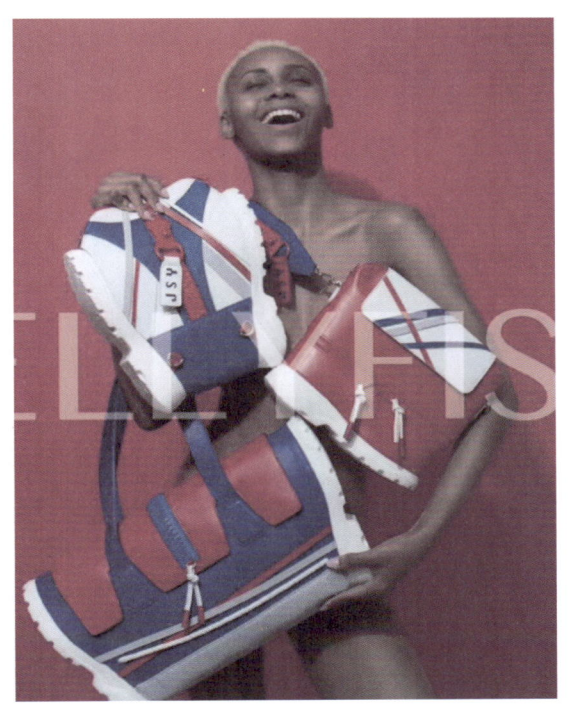

图7-1-10 模特姿态与表情把控

（作者：吉思闾）

>姿态和表达：设计师和摄影师需要指导模特展现出与产品形象和品牌风格相符的姿态和情绪，这往往需要良好的沟通和指导技巧（图7-1-10）。

图7-1-11 增添光效的后期处理

（作者：FPIS）

>后期处理和编辑：在大片拍摄完成后，后期处理和编辑是不可缺少的步骤。包括图像的调色、修饰和细节处理等，目的是优化图像质量，确保产品的细节和形象得到最佳展示（图7-1-11）。

03- 汇报与展示

　　汇报与展示是一种以系统性和逻辑性手法呈现时尚产品的设计理念、创新性和相关要素的方式。在此过程中，设计师运用视觉和语言结合的手段来解释和阐述产品的设计概念、市场定位和整体研究过程。通过展示设计草图、样品制作、市场调研数据以及趋势分析等内容，设计师能够支持和强化他们的设计理念，同时确保关键信息得到准确传达。

图 7-1-12 大赛上的设计汇报

　　汇报与展示不仅能够帮助评委或甲方更加深入地了解到产品理念，而且有助于建立共识、获得反馈并推动设计方案的发展和实施（7-1-12 ～ 7-1-14）。

图 7-1-13 具备主题氛围的展示陈列

图 7-1-14 强调设计要点的汇报演示

图 7-1-15 阐述设计理念

>清晰的设计理念阐述
设计师需要直观、有序地解释产品的设计理念，包括灵感来源、目标受众、核心概念和创新元素等，以确保设计理念与品牌形象和市场需求相一致（图 7-1-15）。

>强调创新性和差异化
设计师应强调产品的创新性和与竞争产品的差异。通过强调独特的设计特点、材料选择、制造工艺或功能创新等方面，突出产品的竞争优势。

>视觉展示与样品制作
需要利用汇报版面、视频、虚拟现实技术等形式的视觉呈现和信息组织来支持和增强汇报的效果，此外通过渲染图、实物样品或原型，让观众感受产品的外观、质感和细节（图 7-1-16、图 7-1-17）。

图 7-1-16 投影技术的加持增强产品展示效果

>敏锐的沟通和表达能力
设计师需要具备敏锐的沟通和表达能力，清晰、有说服力地传达设计概念和关键信息。使用简洁、具体的语言，结合视觉辅助材料和演示技巧，确保汇报内容易于理解和引人入胜。

>接受反馈和回答问题
设计师应准备好接受来自观众的反馈和提问，并能够给予准确、自信的回答。积极倾听观众的意见和建议，并在可能的范围内进行适当的调整和改进。

图 7-1-17 设计方案展示

第二节 设计表达的方式

  时尚产品的设计表达是设计过程中的关键环节，旨在将设计师的创意、理念和情感通过多种方式传递给消费者和企业团队。本小结讲述时尚产品设计表达的方式。

01- 草图

  所谓草图是一种徒手快速表达方式，就是直接用笔、电脑或手写板等快速进行一些简单概念的表达或者是相对工整的图面表达，其目的是快速表达和记录设计师的构思过程，设计理念草图的表达技巧愈熟练，愈能记录更多的思维形象，并以其简洁的特点，快速捕捉设计师瞬间的创作灵感。草图表现也是一个设计师职业水准的最直接、最直观的反映，它也能够体现出设计师的综合素质。

图 7-2-1 记录设计演变过程的鞋履设计草图
（作者：郑翔文）

> 帮助记录创意想法

  设计者在进行创作之前，头脑中的灵感和想法有时候像火花一样稍纵即逝。设计草图的作用是帮助设计师快速把头脑中的灵感或想法记录下来（图7-2-1）。

> 帮助积累设计素材

  草图是一种锻炼和提高设计师造型能力的方式，也可以帮助设计师积累素材，增强对造型艺术的敏感度，让设计思维更加活跃。无论大小公司的设计师在前期设计表达阶段都会通过草图对自己的构想进行便捷有效表达（图 7-2-2）。

> 展示设计师个人风格

  设计草图也是一个设计师职业水准的最直接、最直观的反映，它最能够体现出设计师的综合素质。设计草图也是设计师个性化风格的体现。

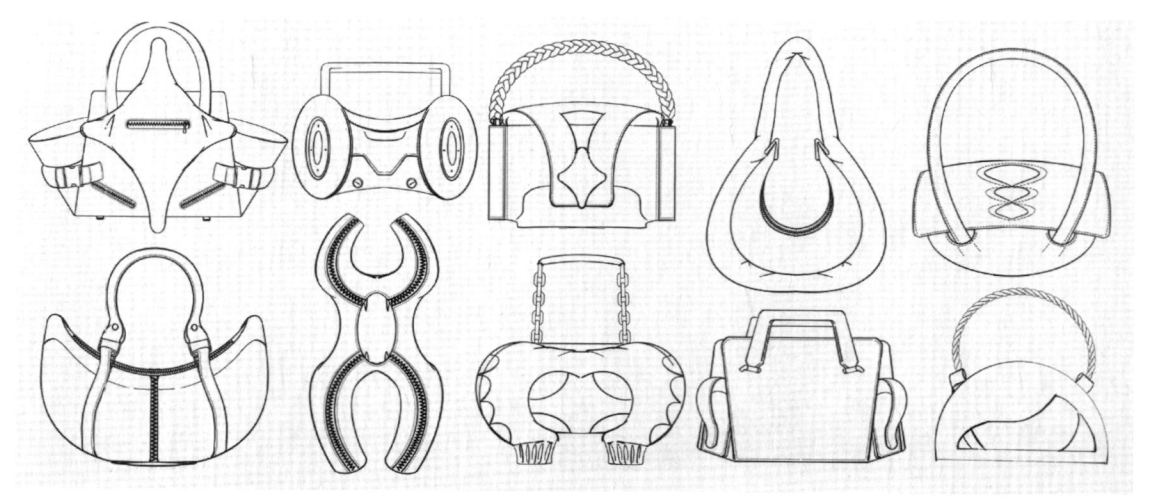

图 7-2-2 具备个人风格的箱包设计草图

02- 手绘效果图

手绘效果图是通过手绘的形式来完成对时尚产品形态、结构、材质的综合表达方法。效果图是在设计草图的基础上，将设计具象化、完善化的一种表现，是设计师艺术化表达时尚产品设计最有效的方法，也具有一定的艺术表现力。

> 单线画法

单线画法是一种传统的表现形式，以清秀、细腻见长，主要靠线条表现设计品的结构、质地，是开始进行表达的第一步。表现过程中要学会观察归纳，并用简化线条清晰地表现结构、细节（图 7-2-3）。

图 7-2-3 单线绘制的时尚产品设计效果图（作者：张芫菪）

> 彩铅画法

彩铅画法是利用彩色铅笔完成图纸绘制过程。这个画法相对比较细腻，把彩色铅笔削尖，然后一层层地上色，画出设计品细腻的材质和细节（图 7-2-4）。

> 素描法

即通过黑白灰的素描调子关系来进行表现，用调子的深浅来表现设计品的部件、明暗交界线和亮部等，以达到体现体积感和空间感的效果。

图 7-2-4 彩铅绘制的产品设计效果图（作者：梁芩睿）

> 马克笔画法

马克笔画法是设计快速表现的常用工具之一，以明快的颜色、大色块的拼接、色彩叠加后出现的变化呈现出很好的表现效果。刚开始用马克笔表现设计品时会感到有些难度，经过练习后会得到很好的效果（图 7-2-5）。

图 7-2-5 马克笔绘制的产品设计效果图（作者：邓雨扬）

03- 计算机辅助效果图

计算机辅助表达也是时尚产品设计常用的表现方式之一，是通过Photoshop（简称PS）、adobe illustrator（简称AI）、Painter等平面软件或3D max、Rhino、MoDo、Grasshopper等三维软件实现时尚产品效果图的绘制。

（1）计算机辅助平面效果图：

单独使用PS、AI、Painter、CoreIDRAw等矢量或位图软件，都可以完成对时尚产品轮廓和内部线条的勾勒及对产品材质填充，表现较为真实的时尚产品设计效果图。

图 7-2-6 PS绘制的棒球帽设计效果图案例
（作者：林婧怡）

>PS 画法

PS软件主要处理以像素所构成的数字图像，是时尚产品设计表现最常用的辅助软件，PS绘制设计方案最适合表现产品手绘的感觉、材质叠加后的层次感和添加阴影后的立体感，是二维虚拟现实效果最真实的、普及度最高的手法之一（图7-2-6～图7-2-8）。

图 7-2-7 PS绘制的鞋履设计效果图案例（作者：何心悦）

图 7-2-8 PS绘制的家纺产品设计效果图案例（作者：RM1707）

时尚产品的设计表达

> AI 画法

AI 画法是利用 Adobe Illustrator 软件来绘制时尚产品方案的方式。设计师常用 AI 绘制线稿，拼贴填充材质效果。和 PS 相比，AI 效果图更为清爽、干净，可以直接输出矢量文件（图 7-2-9、图 7-2-10）。

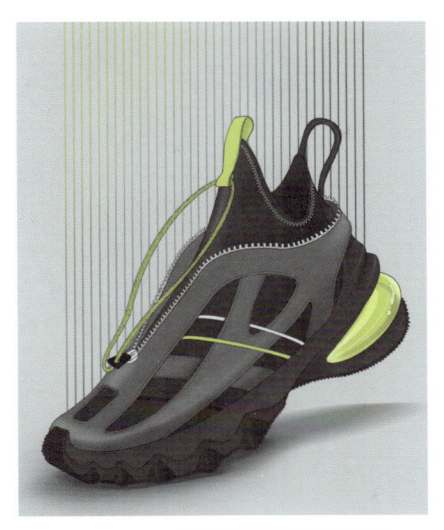

图 7-2-9 AI 绘制的包袋设计效果图（作者：RM1707）

图 7-2-10 AI 绘制的鞋履设计效果图（作者：邵笑）

> Procreate 画法

Procreate 是苹果系统中一款强大的绘画应用软件，可以让创意人士随时通过简易的操作系统，专业的功能集合进行素描、填色、设计等艺术创作（图 7-2-11、图 7-2-12）。

图 7-2-11 Procreate 绘制的包袋设计效果图 (1)

实际操作层面，设计师经常会将这些软件结合在一起使用，如 AI 绘制产品的线稿，PS 拼贴填充材质效果等。

图 7-2-12 Procreate 绘制的包袋设计效果图 (2)（作者：董云天）

(2) 计算机辅助三维效果图

通过 Rhino、Grasshopper 等软件对方案进行三维建模，实现更为精细与真实的视觉表达，更直观的表现和模拟时尚产品的各种角度和材质（图 7-2-13、图 7-2-15）。

> 运用插件和创新的程序语言，还能通过参数的改变快速地产生不同的设计形态。如图 7-2-14 所示，案例将配色方案和特征元素导入到自主研发的程序中，通过动力学模拟自动生成大量的三维设计方案，再对生成的方案进行筛选和修改，达到设计系列快速完成的目的。

图 7-2-13 计算机软件表现的包袋模型

（作者：魏美惠）

> 运用增强现实技术（AR），能使三维虚拟模型与真实世界视图无缝结合、实时呈现，带来真实的视觉效果（图 7-2-16）。

图 7-2-14 通过程序自动生成的鞋履方案

（作者：苗雨鑫）

图 7-2-15 计算机软件表现的行李箱

（作者：张英涛）

图 7-2-16 增强现实技术表现的时尚运动鞋（作者：邵

04- 技术性绘图

技术性绘图，又称工艺图，它运用投影法在平面上表达三维的时尚产品设计或构建方案。技术性绘图由时尚产品与相关部件的三视图组成，用于技术性指导，不需要创意性的绘画表现，因此要求尽可能描绘详细具体，不仅设计师看得明白，也要让生产过程中其他相关人员看得明白。

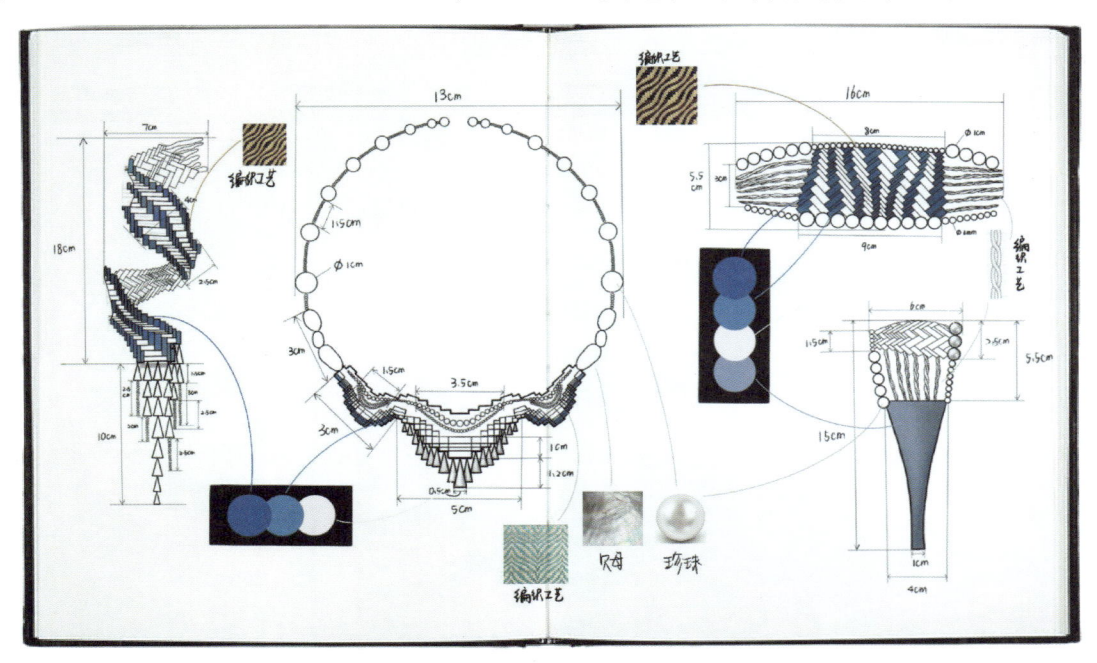

图 7-2-17 时尚配饰的技术性绘图

技术性绘图主要由线稿及标示组成：

>线稿

一般要求以实际比例为基础绘制，要求结构表达清晰明了，部件穿插顺序清楚，必要时需要将细节放大表示。

>标示

工艺图的标示指通过设计说明、材料样本、文字解释等形式来标示设计师的想法、工艺制作手法、材料使用说明等信息（图 7-2-17～图 7-2-19）。

图 7-2-18 运动鞋底的技术性绘图

图 7-2-19 时尚箱包的工艺图（作者：林婧怡）

05- 草模原型

　　草模原型法常见于时尚产品设计领域的概念构成阶段，通过吸塑楦壳、材料附着、替代材料打样等方式实现初始模型。草模原型一般作为内部使用，是一种设计师和团队自我检查、发现问题的重要手段。

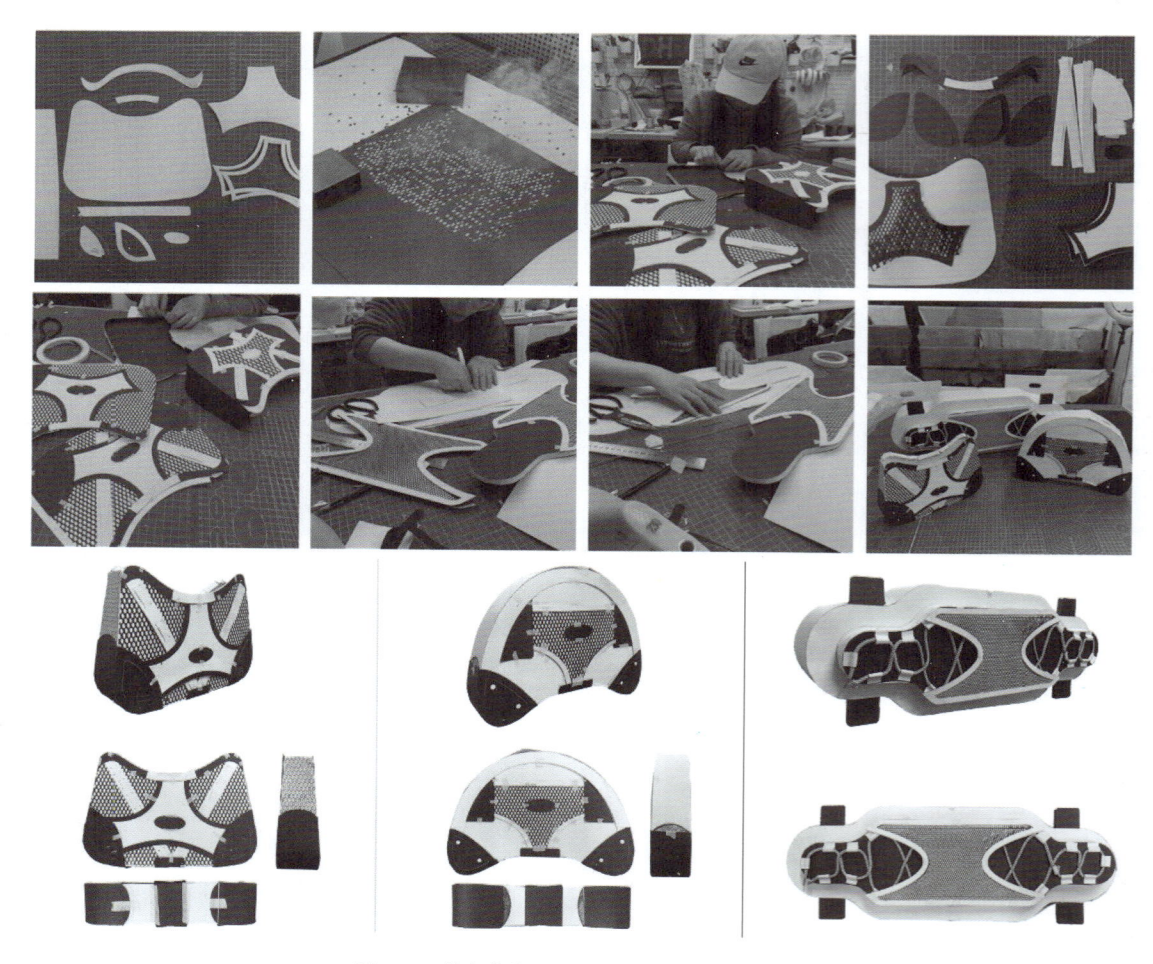

图 7-2-20 箱包草模的制作过程（作者：林婧怡）

时尚产品的设计表达

也是客户或目标用户进行初期概念测试的极佳工具。图 7-2-20 展示的是箱包草模的制作过程，这个过程被视为设计开发评估的重要环节，通过草模对产品进行测试与校对后，可以开展成品的制作。以时尚鞋履的成品制作为例，首先，根据设计效果图进行了鞋底草模的制作（图 7-2-21），接下来成品制作的过程一般包括鞋底打印、裁片与缝合、组装等基础步骤（图 7-2-22）。

图 7-2-21 鞋底草模（作者：何易晓）

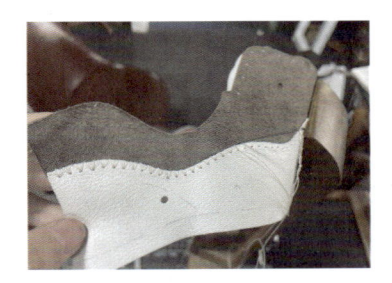

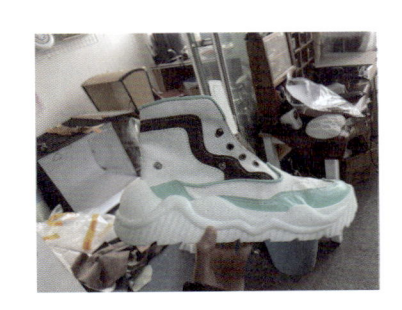

图 7-2-22 时尚鞋履的成品制作过程（作者：何易晓）

-099-

时尚产品设计系列丛书

课堂训练及思考

> 训练：选择 2 件自认为成功的时尚产品进行个案研究，试着具体分析其设计的特征，并分点阐述它是否遵守了时尚产品设计的基本原则。

| 时尚产品1 | 基础信息与特征 |

设计原则

时尚产品的设计概述

时尚产品2

基础信息与特征

设计原则

课堂训练及思考——品牌研究

> 训练：选择一个时尚产品品牌进行品牌研究，通过线上与线下结合的方式收集资料，洞察品牌价值、品牌表现、消费者对品牌的评价等内容，并采用SWOT方法进行分析。

LOGO	品牌简介/价值观
核心产品	市场现状
核心产品	
核心产品	

时尚产品的市场研究

S	W
O	T

结论与启发

课堂训练及思考——用户画像的建立

> 训练：选择一个感兴趣的时尚产品品牌，找到该品牌的主要受众并进行访谈，挖掘目标群体的生活方式与核心需求，建立具有代表性的用户画像。

用户1	访谈记录
用户2	访谈记录

3 时尚产品的用户研究

| 用户3 | 访谈记录 |

画像	基础信息	
		爱用品牌
	生活方式	生活方式	生活方式

课堂训练及思考——趋势报告

> 训练：基于本章讲述的流行趋势相关内容和方法，以巡店和桌面调研的形式寻找和收集那些让你感觉当下流行的视觉元素，找出三个关键的本季流行元素，记录下让你认为它们是流行的关键点，并思考流行的背景原因，生成一份趋势报告。

趋势主题

| 政治背景 | 经济背景 | 文化背景 |

| 关键词 | 关键词 | 关键词 |

趋势关键色彩

趋势关键材质/细节

趋势关键廓形/要素

课堂训练及思考——设计企划方案

> 训练：
1. 对博物馆、公园或某一特定区域进行采风，并通过创意手册的方法收集激发灵感的元素。
2. 对创意手册的内容进行整理，提取出可以深入的主题，建立一个设计企划方案。

企划主题

灵感来源
（元素搜集）

时尚产品的设计企划

情绪版

材质/细节/色彩版

课堂训练及思考——设计构思练习

> 训练：以某一主题开展时尚产品设计构思练习。

运用第四章企划主题或其他感兴趣的主题，在本章设计构思的方法中选择 2 种来快速构思时尚产品的概念、视觉与功能等要素。

设计构思方法1

构思过程

草图展示

时尚产品的设计构思

设计构思方法2

构思过程

草图展示

课堂训练及思考

＞训练：

1. 选择现有的新时尚产品概念，用草图、效果图、工艺图对其进行完整地设计表现。

2. 将训练 1 的内容进行组织整合成 A4 大小的设计版面，清晰地呈现你的设计理念和创意构思。可手绘或使用计算机设计软件绘制。

草图

效果图版面